混凝土高效塑化剂
合成与性能

王可良　尹文军　范圣伟　著

化学工业出版社

·北京·

内容简介

本书阐述了混凝土塑化剂的研究背景和主要内容，系统研究了氨基磺酸盐塑化剂和聚羧酸盐塑化剂的合成机理、结构表征、性能及复配技术和产业化，并对相关的影响因素进行了分析和探讨，对提升混凝土塑化剂的产品质量和生产提供技术支撑。

本书可供科研、设计、生产等一线工程技术人员参考使用，也可作为相关院校师生学习用书。

图书在版编目（CIP）数据

混凝土高效塑化剂合成与性能/王可良，尹文军，范圣伟著.—北京：化学工业出版社，2022.1
ISBN 978-7-122-40178-6

Ⅰ.①混… Ⅱ.①王… ②尹…③范… Ⅲ.①混凝土-塑化剂-合成-研究②混凝土-塑化剂-性能-研究 Ⅳ.①TU528.042

中国版本图书馆 CIP 数据核字（2021）第 219424 号

责任编辑：邢启壮　吕佳丽　　　　　　装帧设计：韩　飞
责任校对：王佳伟

出版发行：化学工业出版社
　　　　　（北京市东城区青年湖南街 13 号　邮政编码 100011）
印　　装：涿州市般润文化传播有限公司
850mm×1168mm　1/32　印张 4¼　字数 105 千字
2021 年 12 月北京第 1 版第 1 次印刷

购书咨询：010-64518888　　　　售后服务：010-64518899
网　　址：http://www.cip.com.cn
凡购买本书，如有缺损质量问题，本社销售中心负责调换。

定　　价：58.00 元

混凝土塑化剂外加剂是现代混凝土的重要组分，对新拌混凝土的工作性和硬化混凝土的力学、变形和耐久性能具有重要影响。本书针对混凝土塑化剂外加剂的发展及在混凝土中使用环境，阐述了混凝土塑化剂的研究背景和发展状况，系统研究了氨基磺酸盐高效塑化剂和聚羧酸高效塑化剂的合成机理、结构表征、性能及复配技术和产业化，并对相关的影响因素进行了分析和探讨。本书首次通过酸碱基本理论分析、重量计算和 IR 光谱表征等方法，证实了氨基磺酸盐高效塑化剂的反应机理，对指导氨基磺酸盐高效塑化剂的合成及其性能优化提供重要理论基础。针对聚羧酸高效塑化剂的使用环境，分别研究了不同类型的聚羧酸高效塑化剂的合成条件与性能，优化了工艺条件，满足了市场需求。

本书第一章由尹文军撰写，介绍了混凝土高效塑化剂的发展；第二章由王可良撰写，探讨了氨基磺酸盐高效塑化剂的合成理论，优化了工艺条件，研究了分散性能；第三章由王可良和范圣伟共同完成，系统研究了聚羧酸高效塑化剂的合成与性能；第四、五章由王可良和尹文军共同完成，针对聚羧酸高效塑化剂的使用环境，分别研究了缓释型及适应型聚羧酸高效塑化剂的合成条件与性能。

本书遵循理论与实践结合的原则，具有较大的学术和使用价值，既可为高等院校和研究机构的建材专业研究生学习提供参考，也可为混凝土外加剂企业生产提供指导。本书为作者近二十年的研究成果，书中若有不当之处，敬请读者提出指正。

本书得到山东交通学院承担的山东省自然基金（编号ZR2013EML007）项目资金资助，在此深表感谢。

著者
2021 年 11 月

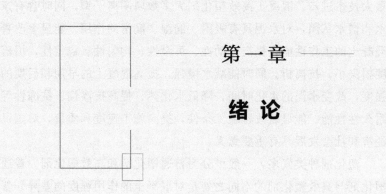

—— 第一章 ——

绪 论

1.1　高效塑化剂概述

混凝土是一种重要的建筑工程材料,高效塑化剂是提高混凝土拌和物塑化性、降低水灰比,提高强度所需的添加剂,已成为混凝土的第六大组成部分,其广泛应用被视为混凝土发展史上的第三次重大技术进步。混凝土高效塑化剂大多数属阴离子型,同时含有亲水和憎水基团,对水泥具有吸附、润湿、润滑的作用。能显著改善混凝土的工作性能,提高流动性、可泵性、均匀性、稳定性,坍落度损失小,抗离析。同时能减水增强,提高混凝土的早期和后期的强度,改变水泥的水化时间,降低水化热,提高抗渗性、抗冻性等耐久性性能。能显著改善施工条件,提高施工速度和质量,对国民经济和社会发展具有重要意义。

塑化剂种类繁多,一般可分为普通塑化剂和高效塑化剂。普通塑化剂与高效塑化剂的不同之处是对混凝土的作用程度的差异。普通塑化剂能使坍落度增加值一般为 50~70mm,减水率在 5%~12%,掺量在 0.2%~0.4%。高效塑化剂也叫超塑化剂,可使坍落度增值为 150~200mm,减水率在 20%~30%,掺量可在 1%~2% 范围。氨基磺酸盐(ASP)塑化剂和聚羧酸(MAP)塑化剂均属高效塑化剂类混凝土外加剂。

1.2　混凝土高效塑化剂的作用

混凝土高效塑化剂是一种具有表面活性的聚电解质,由于其特殊的分子结构和分子量的大小,能改变水和水泥颗粒之间的界面性能。从而:

① 改善新拌混凝土的工作性能,提高混凝土拌合物的流动性和和易性,减少拌和物的用水量,使混凝土拌和物易于浇筑,便于

振捣。保持混凝土拌和物不泌水、不离析、不分层，提高混凝土的均匀性、可泵性，减少混凝土内摩擦力。

②改善硬化混凝土的物理性能，提高混凝土的强度，包括早期及后期的强度，增加混凝土的密实性，减少收缩和徐变，提高混凝土的体积稳定性，调节混凝土的初期和后期的凝结时间，降低水化热，提高混凝土的抗渗性、抗融冻性，增加混凝土的耐久性。

③提高经济效益，节约水泥，在相同强度时，可减少10％～20％的水泥用量。

1.3　氨基磺酸盐（ASP）高效塑化剂研究进展

20世纪80年代末，日本开始应用了氨基磺酸盐（ASP）高效塑化剂，而在我国只是近些年才开始研制。这种塑化剂的减水率高，坍落度损失小，含碱量低，无沉淀，不易结晶。但是，这种高效塑化剂易泌水，对水泥适应性较差。单独使用时，初始在混凝土内部容易形成泌水通道而产生结构缺陷，硬化混凝土力学性能耐久性受到影响。因此，该塑化剂不适合直接用于现场搅拌混凝土，而适合预拌混凝土。这种塑化剂掺量大易泌水，通过复配后，其性能显著提高。目前，关于这类高效塑化剂的合成原理，特别是苯环上的氢还是氨基上的氢参与缩合的问题，未见文献证实。一些文献上报道氨基苯磺酸钠两个邻位上的氢参与缩合，即：

$$\left[\text{CH}_2-\underset{\underset{\text{SO}_3\text{Na}}{}}{\overset{\overset{\text{NH}_2}{}}{\bigcirc}}-\text{CH}_2-\underset{\underset{\text{R}}{}}{\overset{\overset{\text{OH}}{}}{\bigcirc}}-\text{CH}_2\right]_n$$

而有的文献上则报道氨基上的两个氢缩合形成缩聚物，即：

这些文献只是从理论上分析猜测，并没有进行证实，反应的机理及其过程有待进一步探索。因此，开展氨基磺酸盐高效塑化剂的

$$H-\underset{\underset{SO_3Na}{\bigcirc}}{N}-CH_2-\underset{R}{\overset{OH}{\bigcirc}}-CH_2-OH \bigg]_n$$

合成机理，对解决该类高效塑化剂的缺点具有重要的理论和实用价值。

从分子设计的角度来分析这类高效塑化剂的特点，可发现它的憎水主链是苯基和亚甲基交替连接而成，主链上的憎水基团即苯环，在所使用的介质条件下易产生极化，与水泥颗粒表面发生强烈吸引，从而使塑化剂的吸附力增大，有利于增强其减水分散作用。同时在主链上接有亲水性的—SO_3^- 和具有较强吸附缓凝功能的—OH、—NH_2，这种结构符合高性能塑化剂的特点，不仅具有高减水率，还具有缓凝保坍作用。由此，可以设计这类高效塑化剂，是主链上接有—SO_3H、—NH_2、—OH 几种官能团，并且控制官能团的比例，同时根据需要引入其他一些取代基，如烷基、烷氧基等，使其性能可以在一个很大的范围内进行调整。氨基磺酸盐（ASP）高效塑化剂是一个具有很大开发潜力的体系，在这个体系中可根据合成原理和分子设计的原则，控制产品中官能团和取代基的种类和比例，将很有可能开发出几个具有高减水率和优良缓凝保坍性能的高效塑化剂产品，符合高性能混凝土发展的要求。

1.4 聚羧酸（MAP）高效塑化剂研究进展

聚羧酸（MAP）高效塑化剂是近几年来国内外研究的热点，它具有很多独特的优点。该塑化剂与不同水泥有相对好的相容性，即使在低掺量时也能使混凝土具有高流动性，并且在低水灰比时具有低黏度和较好的坍落度保持性能。

聚羧酸（MAP）高效塑化剂的代表产物很多，但其结构遵循一定的原则，即在重复单元的末端或中间位置带有某种活性基团，如聚氧烷基、—COOH、—SO$_3^-$等，由一种或几种低极性聚烯烃链或中等极性聚酯链、聚丙烯酸酯链或强极性的聚醚链共聚而成。聚羧酸（MAP）高效塑化剂主要通过不饱和单体在引发剂的作用下共聚，将带有活性基团的侧链接枝到聚合物主链上而获得，其分子结构成梳形，主链上带有多个活性基团，并且极性较强；侧链也带有活性基团，并且支链较长、数量较多；疏水基的分子链较短、数量较少。一般说来，包括聚羧酸在内的脂肪烃型塑化剂的主链如果没有较密侧基的阻碍和限制时，过低的旋转自由能常会造成柔性链的成团现象，减少了对水泥颗粒的有效吸附，使实际减水效果受到影响。该类塑化剂可大致分为四种：聚羧酸酯类；含磺酸基的聚羧酸多元聚合物；顺丁烯二酸酐共聚物；含羧酸基、磺酸基的聚羧酸系；等。这四种聚羧酸系塑化剂分别具有羧基、磺酸基等，从而实现高减水率和高保坍性能。目前国内对聚羧酸系高效塑化剂的合成研究取得了一定成果，但由于原料价格等原因，市场受到很大的限制。聚羧酸系高效塑化剂具有良好的开发潜力，根据分子设计原则在分子主链和侧链上引入强极性基团如羧基、磺酸基、聚氧化乙烯基，使分子具有梳形结构，调节极性和非极性比例及侧链分子量，增加立体位阻作用，提高分散保坍性能，合理选择原材料，降低生产成本，将具有广阔的市场前景。

1.5 本书研究内容

根据现实生产对高效塑化剂的需要和目前存在的理论与应用问题，围绕混凝土高效塑化剂的基本性能，并以提高性价比为核心，对氨基磺酸（ASP）和聚羧酸（MAP）两种高效塑化剂进行了理论与实践相结合的系统研究。研究中运用了有机化学、高分子化学、高分子物理、材料化学及其他相关学科的理论知识，采用了化学分析、仪器分析等手段。主要内容如下：建立相应的测试评价方法；合成理论方面的实验与验证；对产品进行合成实验、结果讨论及工业化试生产；对产品进行应用性实验；工业化生产。

—— 第二章 ——

氨基磺酸盐（ASP）
高效塑化剂的合成与性能

2.1 氨基磺酸盐（ASP）高效塑化剂合成原理的探讨

合成机理是化学反应的基础，对于整个合成反应具有重要的指导意义。目前对氨基磺酸盐（以下简称 ASP）高效塑化剂的合成机理研究较少，且缺乏理论和事实论证。本书从以下几个方面探索该反应的基本原理。

2.1.1 酸碱基本理论

酸碱基本理论是人们对其客观实际的认识逐步深入的过程中发展起来的，它已成为物质化学性质与反应的理论基础。酸碱基本理论按其历史进程有"水-离子论""溶剂论""质子论""电子论"及"软硬酸碱论"等。其中应用较广的是质子论和电子论，例如：

$$质子论$$

$$酸(A) \rightleftharpoons 碱(B) + 质子$$

$$A \qquad B$$

$$HCl \rightleftharpoons Cl^- + H^+$$

$$NH_4^+ \rightleftharpoons NH_3 + H^+$$

$$H_2PO_4^- \rightleftharpoons HPO_4^{2-} + H^+$$

$$[Al(H_2O)_2]^{3+} \rightleftharpoons [Al(H_2O)(OH)]^{2+} + H^+$$

$$电子论$$

$$酸(受体) + 碱(结合体) \longrightarrow 化合物(酸碱络合物)$$

$$H^+ + OH^- \longrightarrow H:OH$$

$$Cu^{2+} + 4NH_3 \longrightarrow [Cu(NH_3)_4]^{2+}$$

$$BF_3 + NH_3 \longrightarrow [F_3B:NH_3]$$

由以上两种酸碱理论不难看出，电子论实质上是涵盖了其他理论，所以称为广义的酸碱理论。该理论把酸碱定义为：

酸：电子对的接受体或缺电子体或显正电性的物质、基团或原子。

碱：电子对的给予体或富电子体或显负电性的物质、基团或原子。

酸与碱之间的作用是以缺电子体与富电子体的电子平衡驱动力作用的，这是酸碱作用的基本理论基础。

化学变化的特征是发生化学键的变化，而化学键则是物质结构最本质的问题，实质上也是一个电子量子现象，所以化学键的变化即是成键电子的变化，包括电子的均裂、异裂或电子云密度的增加、降低，造成分子局部或整体电子的富有或缺乏，其平衡的过程和方式即构成了各种化学反应（取代、加成、氧化还原、络合反应等）。这些反应可用"中和反应"（即酸碱反应）来概括，因此酸碱反应是认识各种化学反应的基础，ASP 高效塑化剂的合成也不例外。

2.1.1.1 酸碱的强度

从电子富贫的碱酸概念出发，其富贫的程度即反映了酸碱的强度。在一个分子或分子面电子的分布状态中，除了环境影响外，主要由分子的化学结构决定，因此分析结构中的电子和空间（立体）效应是重要的途径。但它们的定量关系还没有一个统一结论，仍以定性的说明为主，对某些特定的化合物也曾经有相对的酸度或反应能力的定量数据。例如十九世纪四十年代 Harnmett 测量了对甲基苯磺酸、对甲基苯甲酸和对硝基苯磺酸的离介常数及其酯的水解速度，建立了 Harnmett 方程 $\log k/k_o = \sigma\rho$，并以氢为基准（$\sigma = 0$）。σ 值为负数时，定义为相对于氢是给电子；σ 值为正数时，定义为相对于氢是吸电子。例如下列间位和对位取代基 σ 的值（按间位变大的次序）如表 2.1。

表 2.1　间位 (m-) 和对位 (p-) 取代基 σ 的值

取代基	$m\text{-}\sigma$	$p\text{-}\sigma$	取代基	$m\text{-}\sigma$	$p\text{-}\sigma$
$-N(CH_3)_2$	-0.21	-0.83	$-OH$	$+0.12$	-0.37
$-O^-$	-0.70	-1.00	$-COOH$	$+0.36$	$+0.27$
$-NH_2$	-0.16	-0.66	$-CN$	$+0.56$	$+0.66$
$-COO^-$	-0.10	0	$-H$	0	0
$-CH_3$	-0.07	-0.17			

2.1.1.2　ASP 高效塑化剂合成原料结构的酸碱分析

ASP 高效塑化剂合成的原料主要有苯酚（P）、对氨基苯磺酸钠（A）、甲醛（F）三种。

（1）苯酚

苯酚的—OH 本身共振作用使氧的电子云向苯环上提供，使羟基中氢质子化程度（酸性）增强，所以其酸性比醇高得多（酚的 $pK_a=8\sim11$，醇为 18）。共振稳定作用使其 $o\text{-}$, $p\text{-}$电子云密度相对较高，即碱性提高。

当在碱性条件下，苯酚离子共振的结果也使 $o\text{-}$, $p\text{-}$电子云密度增加。

根据 Harnmett 取代基常数可知—OH、—O⁻ 对苯环的电子效应量化值。

其代数和分别为 -0.87，-1.9，说明—OH、—O⁻ 都使整

OH
−0.37　　−0.37
+0.12　　+0.12
−0.37

O⁻
−0.52　　0.52
−0.17　　−0.17
−0.52

个环上的电子云密度增大，即碱性增大，所以称致活基团。而—O⁻的作用更大一些，所以在 ASP 高效塑化剂合成工艺中，碱的存在会显著影响反应的活性和产物的结构。

（2）对氨基苯磺酸钠

对氨基苯磺酸钠的苯环上有两个取代基：$-NH_2$、$-SO_3Na$（$-SO_3H$）它们对苯环的电子效应（主要 p-π 共轭效应）可从取代基常数看出。

NH_2
−0.66　　−0.66
−0.16　　−0.16
−0.66

SO_3H
+0.40　　+0.40
+0.35　　+0.35
+0.40

苯环上取代基 σ 的代数和分别为 −2.3，+1.9。$-SO_3H$ 的 σ 值是根据 $-SO_3H$ 致钝活性次序估算得来的，它是在 $-CN$ 和 $-COOH$ 之间取值。对两种不同效应的取代基在同一个苯环上，其电子效应可用其代数和估计。

NH_2
−0.26　　−0.26
+0.19　　+0.19
SO_3Na

苯环上由于 $-NH_2$ 的供电作用大于 $-SO_3H$ 吸电作用，其 σ 值的代数和为 −0.14。根据分子轨道理论用分子图判断分子中各原子的化学活性表明，苯胺分子中 N 的电子云密度最大，因此为 F 的亲电性反应提供了最大的可能性。苯胺分子中的电子效应如下所示。

由于在 ASP 高效塑化剂合成条件下 $-SO_3H$ 即转为 $-SO_3^-$，所以其吸电子性显著降低，即苯环上的 σ 大于 $|-0.14|$，但小于

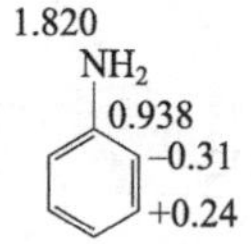

$$
\begin{array}{c}
1.820 \\
NH_2 \\
0.938 \\
-0.31 \\
+0.24
\end{array}
$$

苯酚和苯酚离子的 σ 值。

（3）甲醛

甲醛羰基中 C 与 O 之间是 sp^2-p 杂化，π 电子强烈地偏向 O，使 C 的酸性增强，O 上呈富电子，显碱性。由于缺电子的 C 原子的稳定性差，相对活性高，所以常以亲电性为主，其电负性为：

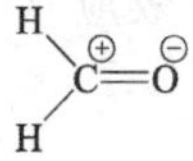

因此，由以上三种原料的酸碱性分析可看出，在 ASP 合成反应条件下，存在以碱性（亲核性）为主的反应：

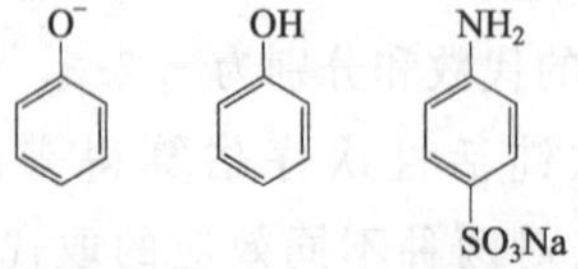

碱性中心在 o-、p-和 N 上。其碱度依次减弱；酸性反应物是 HCHO，酸化中心在 C 原子上。

2.1.1.3 ASP 高效塑化剂合成环境中酸碱性的影响

（1）苯酚在酸碱环境中的反应

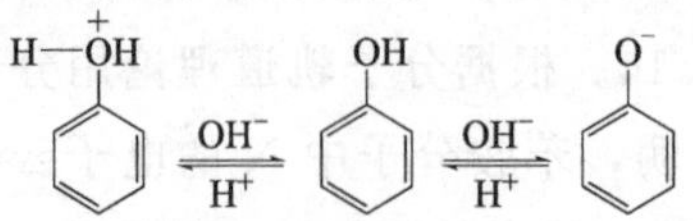

从苯环的碱性看，酸性提高会降低苯环上的碱性，即环境中碱性提高有利于与酸性的 HCHO 反应。

（2）对氨基苯磺酸钠在酸碱中的反应

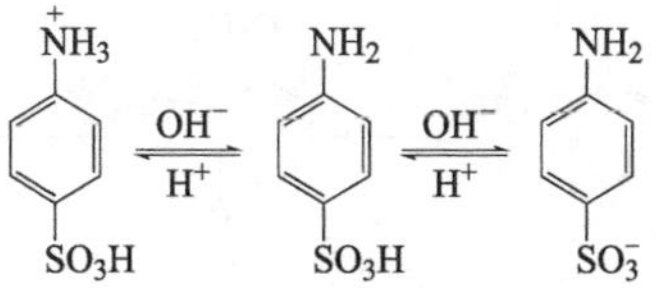

在碱性环境中，能提高对氨基苯磺酸盐的亲核性，其亲核的中心（即碱性中心）在—NH_2 的 N 原子和 —SO_3^- 的 O^- 位上。在形成对氨基苯磺酸时，产物即成为内盐（SO_3^-—〇—$^+NH_3$），不溶于水，不能进行化学反应。

（3）甲醛在酸碱环境中的反应

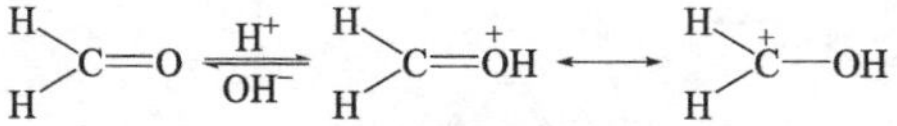

由上述反应看，酸性环境能提高甲醛的亲电性。

因此，综合以上反应过程中环境酸碱性的影响看，碱性利于苯酚和对氨基苯磺酸盐的亲核性反应，但降低了甲醛的亲电性，所以 ASP 高效塑化剂合成过程中环境的酸碱性成为重要的反应条件。

2.1.1.4 活性中间体理论——羟甲基酚的作用

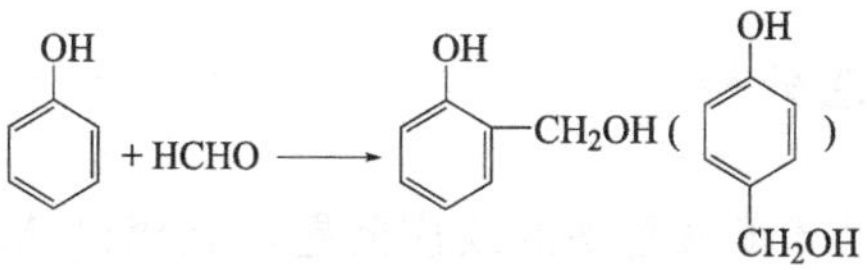

该反应中苯酚的 o 作为碱性中心，而甲醛的 C 作为酸性中心，此酸碱反应（即亲电反应）在酸性或碱性条件下均易进行，说明其反应性很强。参考资料正碳离子的稳定性次序：

烯丙基正碳离子（或苄基正碳离了）＞ $3°-C^\oplus$ ＞ $2°-C^\oplus$ ＞ $1°-C^\oplus＞^\oplus CH_3$

羟甲基酚的共振作用：

由于共振稳定作用，苄基正碳离子更易形成，在碱性条件下，

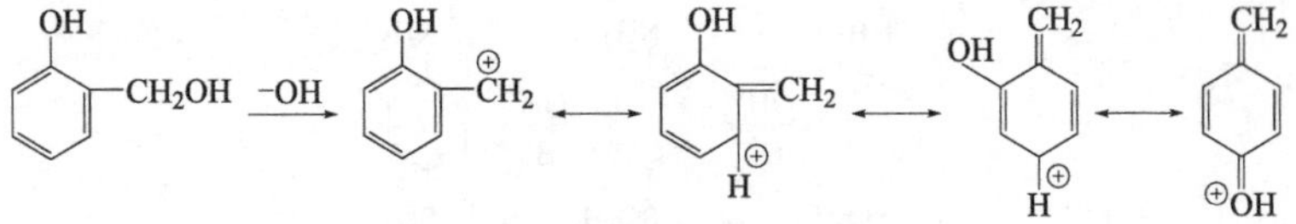

更利于它的稳定，相对浓度就高，它将成为 ASP 高效塑化剂反应体系中的亲电试剂，与所有的碱性中心都可能发生反应。

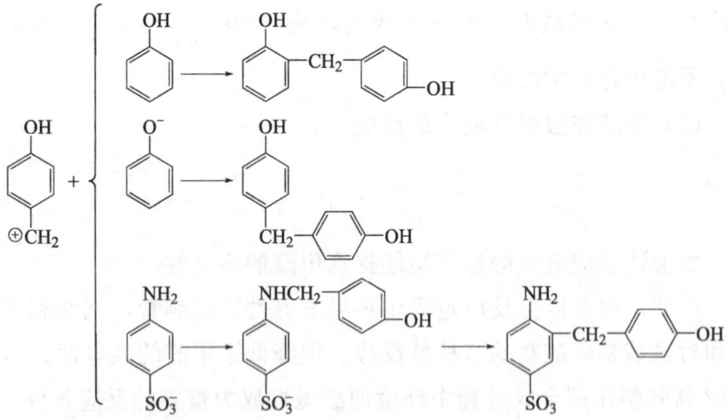

以上酸碱反应发生的程度以及哪一种是主要反应等，均与反应条件（酸度、浓度、温度、时间）有关，需要实验事实来证明。

2.1.2　重量法分析

甲醛和对氨基苯磺酸钠的反应问题，是探讨 ASP 高效塑化剂合成反应机理的核心。由一些理论和资料可看到，产品合成时甲醛可与苯环及氨基进行亲电性取代反应。即：

上述反应是否能发生，反应程度如何未见文献报道，因此专门设计了关于对氨基苯磺酸钠与甲醛反应问题的实验（A—对氨基苯磺酸钠；F—甲醛）。从酸碱作用原理分析，对氨基苯磺酸钠有三个碱性中心，即—NH$_2$ 中的 N 原子和—NH$_2$ 的两个邻位；作为酸性中心即甲醛中的 C 原子究竟与哪个位置发生反应需要实验证实。

重量计算法设计实验：

（1）实验目的

反应物准确计量，产物的重量可反映反应是否发生，反应中有多少 HCHO 参与反应。

（2）实验设计

按 ASP 高效塑化剂合成的条件（温度、时间、碱度）设计了 A 与 F 不同的物质的量比，即 1∶0.5、1∶1、1∶2、1∶3 共十二组实验，对产物进行重量分析，结果见表 2.2。

表 2.2　A 与 F 实验设计与结果

序号	A∶F	A 的质量分数/%	F 的质量分数/%	B 的质量分数/%	取样质量/g	测定固含量/g	理论固含量/g	F 反应率/%	生成的—CH₂OH的质量/g
1	1∶0.5	32.38	2.48	0	7.2823	2.4953	2.5070	92	—
2	1∶0.5	32.04	2.45	0.87	8.2412	2.8746	2.9030	67	—
3	1∶0.5	31.71	2.43	2.07	7.2638	2.2031	2.368	43	—
4	1∶1	30.29	4.64	0	7.1753	2.3842	2.5062	63	0.65
5	1∶1	29.99	4.60	0.87	9.1431	2.9922	3.1866	48	0.63
6	1∶1	29.70	4.55	1.95	6.6856	2.3125	2.4200	65	0.38
7	1∶2	26.83	8.22	0	16.0974	4.9382	5.6451	47	0.93

续表

序号	A：F	A的质量分数/%	F的质量分数/%	B的质量分数/%	取样质量/g	测定固含量/g	理论固含量/g	F反应率/%	生成的—CH₂OH的质量/g
8	1：2	26.60	8.15	0.87	7.9079	2.4588	2.7987	47	0.89
9	1：2	26.37	8.08	1.72	13.3849	4.2626	4.8493	45	0.90
10	1：3	24.08	11.07	0	17.8462	5.1700	6.2730	44	1.33
11	1：3	23.90	10.98	0.78	12.1313	3.5311	4.3267	40	1.18
12	1：3	23.7	10.90	1.55	15.8465	4.6672	5.7031	38	1.15

注：理论固含量按全部的 HCHO 形成—CH_2OH 而进入固体量计算；—CH_2OH 的计算方法为［实际固含量－（A 的质量分数＋B 的质量分数）×取样量］×3/F 的质量分数×测定固含量，计算结果如表 2.2 所示。

由以上结果可看出：

A：F＝1：0.5 时，生成的产物含—CH_2OH 的量很少；A：F ＝1：1 时，生成的产物不足一个—CH_2OH；A：F＝1：2 时，生成的产物约含一个—CH_2OH；A：F＝1：3 时，生成的产物均略高于含一个—CH_2OH 的化合物，一个对氨基苯磺酸钠（A）可能有两个—CH_2OH 的产物；从碱（B）的变化看，提高碱对形成羟甲基化合物不利，这与碱性降低 F 反应能力有关。

ASP 高效塑化剂合成时一般取 A：P：F＝1：1.5：3.5，由于 F 与 P 的反应能力强，所以 F 直接与 A 反应的浓度较低，只能形成一个羟甲基化合物，多羟甲基化合物难以形成。因此，对氨基苯磺酸钠 —NH_2 羟甲基化生成仲胺后，仲胺上的 H 难以或不能再和甲醛缩合反应。所以甲醛只能以等物质的量与对氨基苯磺酸钠反应生成仲胺（分子式如下所示），也就是只有一个碱性中心起作用。

2.1.3 红外光谱表征与分析

A 与 F 生成的羟甲基化合物可用 A 与 F 不同物质的量比生成物的 IR 光谱，结合 A、ASP 的 IR 光谱来表征。取 A，A：F 为 1：0.5、1：1、1：2、1：3 反应物各一个，ASP 样品用盐酸提纯烘干后，用 KBr 压片，利用 Bio-Rad FIS 165 型红外光谱仪（美国）作红外光谱图，其特征峰变化如图 2.1～图 2.6。

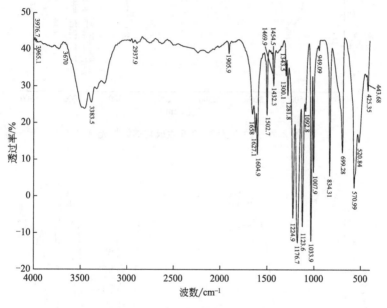

图 2.1 对氨基苯磺酸钠红外光谱

由图 2.1 可看出，3200～3500cm^{-1} 处有两个吸收峰，是伯胺的特征吸收峰。比较图 2.1～图 2.3 可以看出，在 3300～3500cm^{-1} 之间的吸收峰明显增强，双峰逐渐减小，说明有羟基存在，反应生成了羟甲基化合物。在 834cm^{-1} 处存在一个吸收峰，是苯环 1，4 二取代的特征峰，可证明—CH$_2$OH 不在苯环上，而和

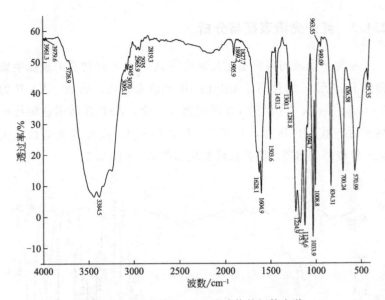

图 2.2　A∶F 为 1∶0.5 生成物的红外光谱

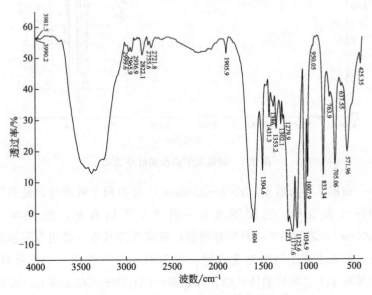

图 2.3　A∶F 为 1∶1 生成物的红外光谱

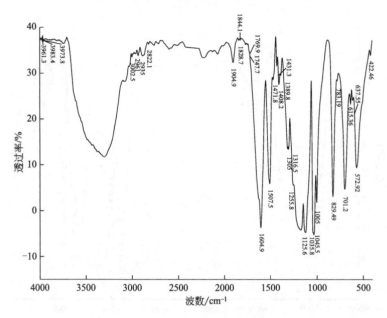

图 2.4　A∶F 为 1∶2 生成物的红外光谱

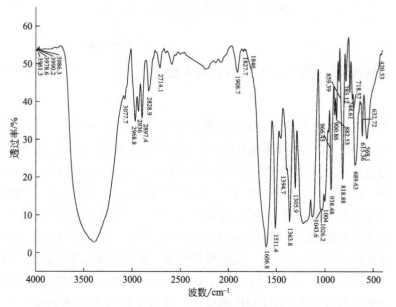

图 2.5　A∶F 为 1∶3 生成物的红外光谱

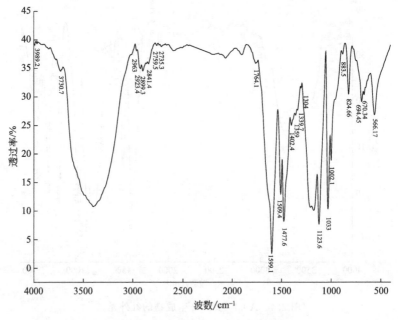

图 2.6 ASP 高效塑化剂的红外光谱

对氨基苯磺酸钠—NH$_2$ 反应生成仲胺（ ![NHCH$_2$OH benzene ring SO$_3$Na] ）。所以甲醛

和对氨基苯磺酸钠反应生成仲胺。同时，图 2.2，图 2.3 在 3300～3500cm^{-1} 处吸收峰末端的两个小峰比图 2.1 要小，这是由于仲胺的生成，对氨基苯磺酸钠的含量相对减少，伯胺的吸收峰变小。另外，比较图 2.1、图 2.2、图 2.4，图 2.4 在 3300～3500cm^{-1} 处吸收峰末端不存在两个小峰，这说明 A∶F＝1∶2 反应产物中不存在对氨基苯磺酸钠。同时，在 829cm^{-1} 处只有一个吸收峰，结合参考资料 1600～2000cm^{-1} 吸收峰的状态，表明生成物是苯环的 1,4二取代，因此产物只能为仲胺，和重量计算法算出的对氨基苯磺酸钠增量约为一个—CH$_2$OH 相符合。图 2.5 中 3300～3500cm^{-1} 处

是强单峰，说明已不存在伯胺，而且在 $900cm^{-1}$、$818cm^{-1}$ 处有两个吸收峰，在 $1600\sim2000cm^{-1}$ 的吸收峰的特征与图 2.4 的吸收峰特征明显不同。同时 $818cm^{-1}$ 处也有 1,4 二取代的特征吸收峰，这证明随着甲醛浓度的增加，对氨基苯磺酸钠苯环上有三个取代，

这充分说明产物中有一部分生成 W（ 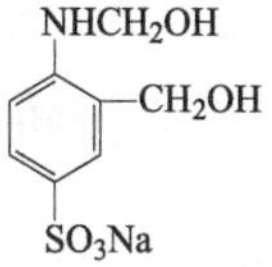 ），因此，对

氨基苯磺酸钠增量超过—CH_2OH 时，其中有一部分是仲胺，另一部分是 W。综合第三章内容可以看出，在对氨基苯磺酸钠与甲醛反应过程中，先生成仲胺，当甲醛量较多时剩余的甲醛进攻邻位生成 W，而不是和仲胺上的 H 缩合。由图 2.6 也可看出，$3200\sim3500cm^{-1}$ 处的吸收峰比较尖而强，这是仲胺吸收峰与—OH 吸收峰叠加交叉的结果，参考相关文献，只存在—OH 时，吸收峰钝而不尖，这进一步说明，ASP 缩聚物中存在仲胺。甲醛、对氨基磺酸钠、苯酚三者缩合时，对氨基苯磺酸钠苯环上的 H 参与缩合，形成分子键。因此，由以上分析可得出结论：甲醛与对氨基苯磺酸钠在无苯酚存在下的酸碱反应，甲醛首先和—NH_2 反应生成仲胺，然后过量的甲醛再和苯环上邻位反应。

综上所述，在 pH＝9～10 的条件下，A、P、F 共同存在的体系里，ASP 高效塑化剂的合成中可能发生如下化学反应。

（1）初级产物的形成

（a）

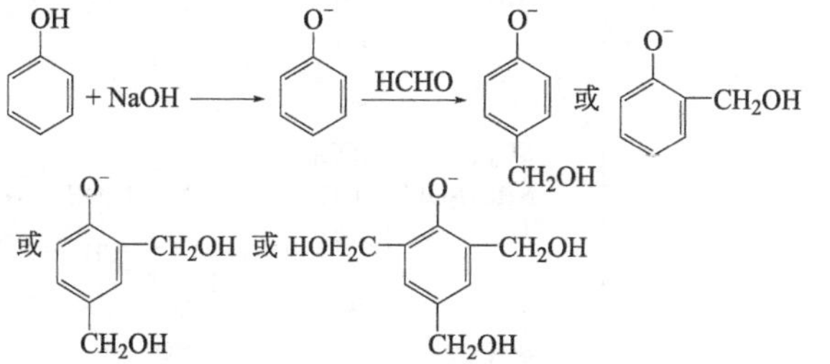

（b）

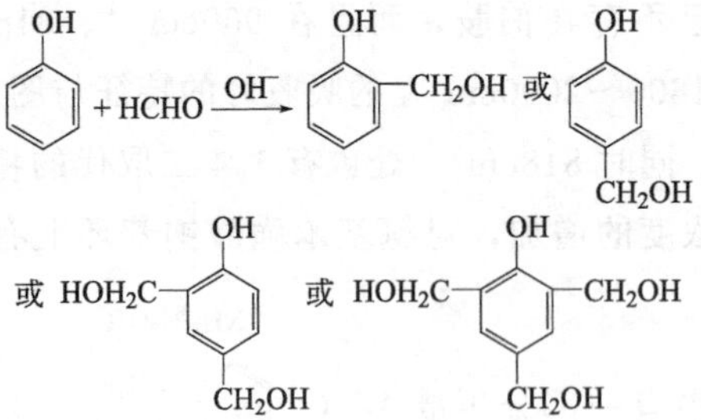

（c）

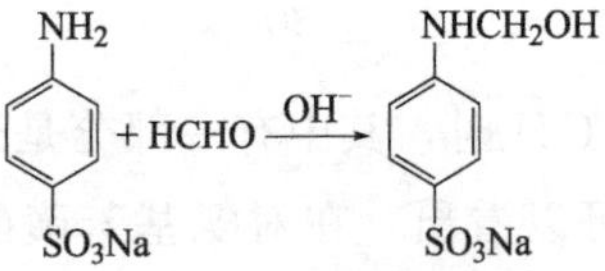

（a）～（c）产物均为初级产物，且它们的反应能力：（a）＞（b）＞（c）。其中甲醛作为酸性试剂，其他作为碱性试剂，它们的酸碱作用都属于亲电取代反应，反应能力受酸碱催化影响很大。碱对 P 提高活性影响大，酸对 F 提高活性影响大。

（2）羟甲基酚的活性作用

羟甲基酚在体系中可充当新的酸性中心，可进行如下一系列的酸碱作用。

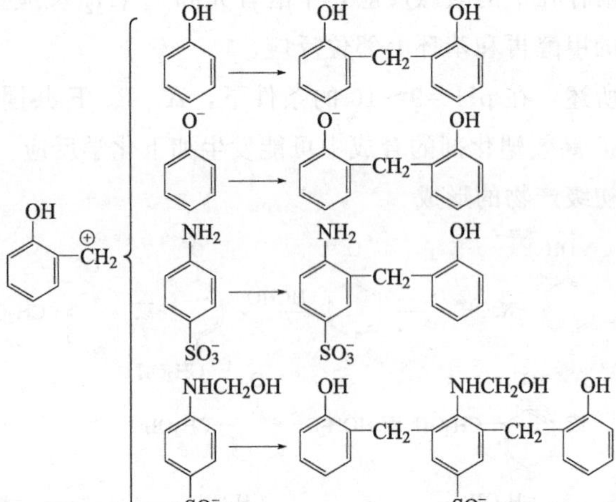

（3）高聚物的形成

以羟甲基酚为活性中间体，将两种单体和初级生成物通过酸碱作用进行缩聚成为高分子化合物（聚电解质），其产物结构可能如下。

（a）

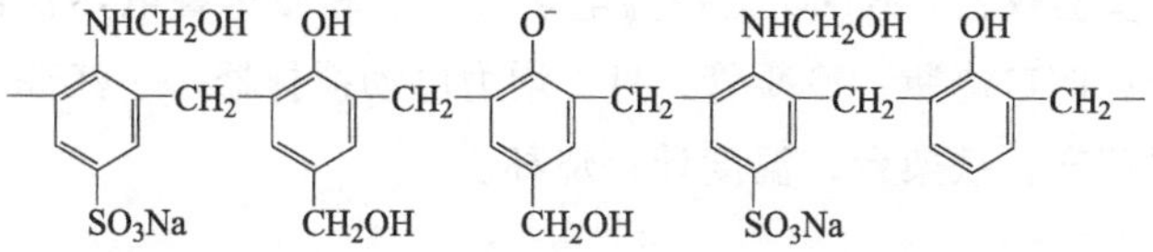

（b）

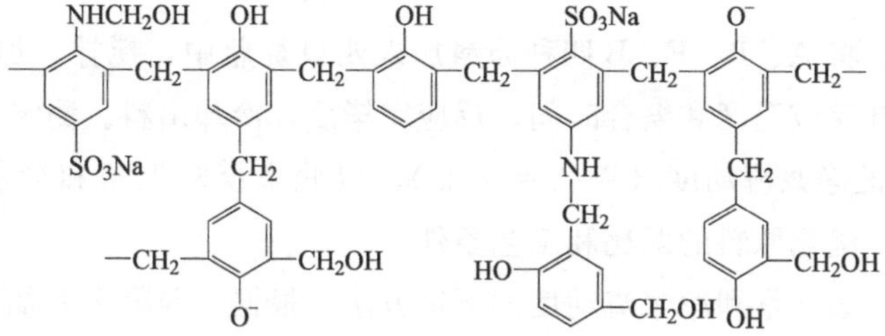

结构特点：（a）为链状，主链中含有离子基团—SO_3^- 和非离子基团酚—OH 和醇—OH，并含有少量—CH_2OH 侧链。（b）较（a）支链化程度大，立体效应显著。缩聚物的支链化程度与反应条件和性能的关系：从理论分析上，碱性提高，P 与 F 的物质的量比增大，反应温度提高和时间加长都可能促进支链化的形成，而结构的支链化程度与 ASP 的保塑性能具有一定的联系，因此，在合成过程中要按照这一理论基础进行。

2.2　ASP 高效塑化剂合成实验

2.2.1　实验原材料、仪器及方法

2.2.1.1　实验原材料、仪器

实验原料：对氨基本磺酸钠（A）——常州海盛化工有限公司

（工业级）产；苯酚（P）——药用；甲醛（F）——山东莱阳经济技术开发区精细化工厂（37％～40％）产；氢氧化钠（B）——分析纯；水泥——32.5R 山东水泥厂产（除特别注明外，本书所用水泥都为该水泥）；自来水。

实验仪器：KDM 型控温电热套——郓城华鲁电热仪器有限公司产；四口烧瓶；冷凝管；JJ-1 增力电动搅拌器——江苏金坛医疗仪器厂产；铁架台；温度计；烧杯。

2.2.1.2　实验方法

将 A、P、F、B 四种原料加入四口烧瓶中，搅拌，加热溶解，控制反应温度和缩合时间，反应完毕后，冷却出料。测定固含量和 2h 的净浆流动度（W/C＝0.29），以此来反映保塑和分散性能优劣，优化原料的配比和工艺条件。

固含量和净浆流动度的测定方法：根据《混凝土外加剂》（GB 8076—2008）进行测定。

2.2.2　ASP 高效塑化剂合成实验结果与讨论

2.2.2.1　ASP 高效塑化剂合成原料配比的正交实验结果与分析

依据正交实验的要求，设计 $L_9(3^4)$ 实验，如表 2.3。正交实验结果见表 2.4 和图 2.7。

表 2.3　ASP 合成原料配比的因素与位级

水平	因素			
	A/g	P/g	F/g	B/g
1	16	10	20	0.5
2	18	12	24	1.0
3	20	14	28	1.5

表 2.4　ASP 合成原料配比 $L_9(3^4)$ 正交实验与结果

编号	A	P	F	B	净浆流动度/mm
1	1	1	1	1	75
2	1	2	2	2	255
3	1	3	3	3	110
4	2	1	2	3	100
5	2	2	3	1	120
6	2	3	1	2	235
7	3	1	3	2	215
8	3	2	1	3	185
9	3	3	2	1	100
K_1	440	390	495	295	
K_2	455	560	455	705	
K_3	500	445	445	310	
R	60	170	50	410	

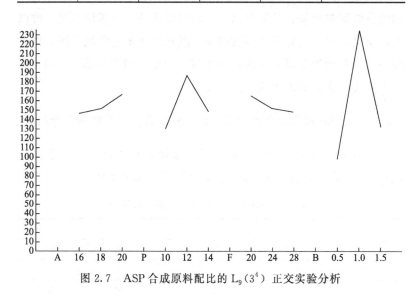

图 2.7　ASP 合成原料配比的 $L_9(3^4)$ 正交实验分析

表中 2.4 位级之和 K_1 的计算方法如下：

对于因素 A，$K_1 = \sum P_{A1} = 75 + 255 + 110 = 440$；对于因素

P，$K_1 = \sum P_{P1} = 75 + 100 + 215 = 390$；对于因素 F，$K_1 = \sum P_{F1} = 75 + 235 + 185 = 495$；对于因素 B，$K_1 = \sum P_{B1} = 75 + 120 + 100 = 295$。

同理，K_2、K_3 的计算可得出相应的结果。根据 $R = K_{最大} - K_{最小}$，由图 2.7、表 2.4 可看出，在 A、P、F、B 四种因素中，对净浆流动度影响从大到小排列顺序为 B＞P＞A＞F，即碱（B）的加入量最大，以下依次为苯酚、对氨基苯磺酸钠、甲醛。碱的加入量存在一个最大值 B_2，过多过少对产物的性能均不利，这与分子结构中酸碱分析一致。根据活性中间体理论，需要有一个兼顾双方的最佳碱浓度。苯酚的量也存在一个最大值 P_2，这是由于苯酚在碱性条件下，活性特别强，和甲醛易生成羟甲基化产物，苯酚量过多，则生成三羟甲基苯酚，进而形成高聚物，对氨基苯磺酸钠难以进入分子链中，—SO_3^- 在分子结构中的比例减少，从而影响产物的分散保塑性能；苯酚量过少，羟甲基化苯酚的活性不足，难以进行亲电反应。对氨基苯磺酸钠和甲醛相对于苯酚和碱来说，极差较小，不再增加对氨基苯磺酸钠和减少甲醛，可分别取 A_3 和 F_1。综上所述，优化的配比条件为：$A_3 P_2 F_1 B_2$。

2.2.2.2　ASP 高效塑化剂合成工艺条件的正交实验结果与分析

在合成原料配比一定的条件下，设计了有关合成工艺条件的 $L_9(3^4)$ 实验，见表 2.5，正交实验结果见表 2.6 和图 2.8。

表 2.5　ASP 合成工艺条件的因素与位级

水平	因素			
	温度 $T/℃$	时间 t/h	pH	浓度 $c/\%$
1	75	2	8	30
2	85	3	10	35
3	95	4	12	40

表 2.6 ASP 合成工艺条件的 $L_9(3^4)$ 正交实验与结果

编号	T	t	pH	c	净浆流动度/mm
1	1	1	1	1	140
2	1	2	2	2	255
3	1	3	3	3	155
4	2	1	2	3	255
5	2	2	3	1	135
6	2	3	1	2	195
7	3	1	3	2	245
8	3	2	1	3	225
9	3	3	2	1	260
K_1	550	640	560	535	
K_2	585	615	770	595	
K_3	730	610	535	635	
R	180	30	235	160	

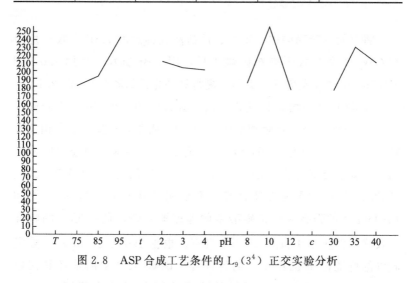

图 2.8 ASP 合成工艺条件的 $L_9(3^4)$ 正交实验分析

表 2.6 中位级之和 K、R 的计算方法同 2.2.2.1。图 2.8、表 2.6 中各因素的变化反映了，在 T、t、pH、c 四种因素中，对净浆流动度影响从大到小排列顺序为：pH＞T＞c＞t，即 pH 的影响

最大，以下依次为温度、浓度、时间。pH 存在一个最大值 pH_2 且其极差最大，也就是说，pH 的大小对反应特别重要，其原因跟配比中的碱量解释一致。反应温度和浓度也是影响该反应的两个重要因素，随着温度的升高，产物的净浆流动度增大。浓度有一个最佳值，$c=35\%$ 时最好，这可能是由于浓度过高或过低，生成物的分子结构中，亲水基团和憎水基团分布不均匀，造成产物的分散性能变差，即 2h 净浆流动度变小，保塑性较差。反应时间的极差最小，并且反应 t_2、t_3 时趋于平衡，这说明反应时间延长，产物的性能变化不大，而且不如反应时间 t_1 的效果好，这是由于反应时间长、分子量变大和分子结构变化所导致的。另外，从经济因素的角度要选择 t_1。因此，优化的工艺条件为 T_3、t_1、pH_2、c_2。

2.3 ASP 高效塑化剂红外光谱表征

将对氨基苯磺酸钠、苯酚、用盐酸提纯后的 ASP 高效塑化剂在 GW-03 型台式干燥箱内烘干后，用 KBr 压片，利用 Bio-Rad FIS 165 型红外光谱仪（美国）测得红外光谱如图 2.9～图 2.10。

比较图 2.9～图 2.11 可以看出，图 2.11 中，在 $3200\sim3700cm^{-1}$ 处有一强的吸收峰，且峰相对图 2.10 中的吸收峰较尖，参考相关资料，说明 ASP 中有—OH 和—NH 存在，是羟基、伸胺的伸缩振动峰的叠加交叉。在 $2800\sim3000cm^{-1}$ 有连续的 3～4 个吸收峰、$1599cm^{-1}$ 有一强烈的吸收峰，可证明苯环存在。$1123cm^{-1}$ 和 $1033cm^{-1}$ 的强吸收峰是磺酸基的伸缩振动峰，是—SO_3^- 的特征吸收峰，而图 2.9 和图 2.10 中没有。根据 $1600\sim2000cm^{-1}$ 处吸收峰的特征，和 $824cm^{-1}$ 的特征峰，说明 ASP 中的苯环是四取代。综合以上分析，ASP 结构中含有强的极性官能团—SO_3^-、—OH 和—NH，具有良好的分散作用。同时，由于苯环的取代基较多，因此产物呈链式网状结构，对水泥具有良好的保塑作用。

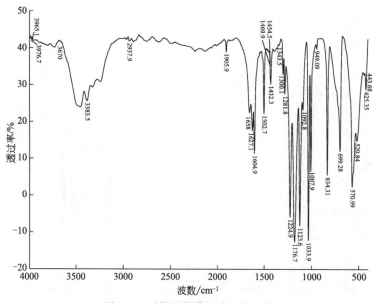

图 2.9 对氨基苯磺酸钠红外光谱

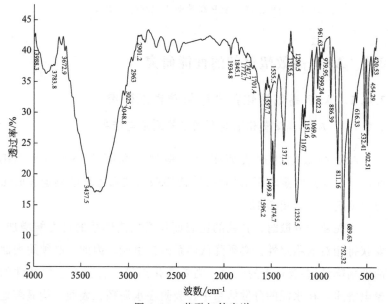

图 2.10 苯酚红外光谱

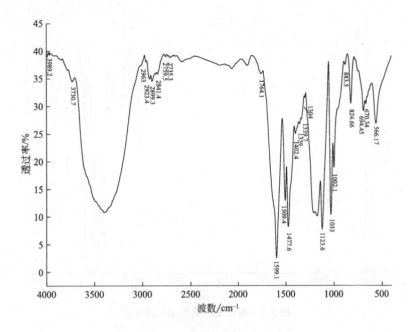

图 2.11　ASP 高效塑化剂红外光谱

2.4　ASP 高效塑化剂的性能研究

2.4.1　ASP 高效塑化剂分散保塑性能研究

2.4.1.1　ASP 高效塑化剂表面张力的测定与结果

　　ASP 高效塑化剂表面张力是根据《混凝土外加剂》（GB 8076—2008）测定，用 J2hy1-180 界面张力仪和吊环法测定表面张力，测定结果见图 2.12。

　　水泥粒子分散时，颗粒的比表面积增加使体系的自由能增加。要获得相对的稳定性，必须降低体系的自由能。因此，必须用表面活性剂降低固-液界面的张力。高效塑化剂是一种具有表面活性的聚电解质，在水泥的分散体系中，吸附在水泥颗粒表面，能显著地

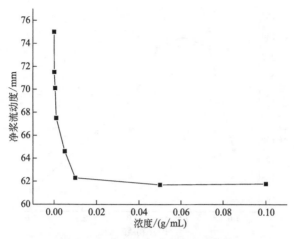

图 2.12　表面张力随浓度变化曲线

降低表面张力，减少体系的自由能，增加水泥颗粒的润湿性能。图 2.12 表明，随着浓度的增加，ASP 高效塑化剂降低水的表面张力，到达一个最小值后趋于平衡。所以，ASP 高效塑化剂吸附在水泥颗粒表面，对水泥具有强的润湿和分散作用。

2.4.1.2　ASP 合成原料配比与反应条件对分散保塑性能的影响

（1）A 与 P 物质的量比对分散保塑性能的影响

在碱性和 F 一定的条件下，测试不同的 A 与 P 物质的量比合成的产品分散保塑性能，用 2h 净浆流动度大小来衡量（以下同），其关系如图 2.13。

由图 2.13 可看出，P 与 A 的物质的量比有一个最佳值，大约为 1.5，按这个物质的量比反应，ASP 高效塑化剂的 2h 净浆流动度最大，即分散保塑性最好。这说明 P 与 A 物质的量的比值大小决定反应生成物的分子结构骨架及—SO_3^- 在分子中的分布。这是因为 ASP 本身是一种具有表面活性的聚电解质，在其分子中具有亲水基和亲油基，在同系物中必定有一个化合物的亲水性和亲油性

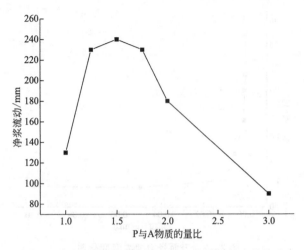

图 2.13　2h 净浆流动度与 P 与 A 物质的量比的关系

平衡值恰到好处时，应用到指定的体系中才能达到最高的效率。即分子中亲水基的亲水性和亲油基的亲油性配合恰当时对指定的分散体系才具有最佳效果。当 P：A>1.5 时，亲水性—SO_3^- 在分子当中的含量小，即亲水基在整个分子结构中的比例小，亲水性较差，吸附在水泥颗粒表面形成的双电子层的厚度较薄，电动电位小，影响它对水泥的分散作用，表现为产物的流动性降低。同时，P 的含量较大，一方面，亲油基在整个分子中的含量相对增大；另一方面，苯酚间易形成缩合物，立体结构效应增加，掩盖了分子中活性成分，降低了它对水泥的分散作用。P：A<1.5 时，分子中的亲油性的基团含量较小，而且反应过程中生成的活性中间体少，没有足量的羟甲基苯酚与对氨基苯磺酸钠发生亲电取代反应，影响缩合反应的进程，生成的产物分子量小，分散作用降低。因此，根据分子设计的原则，合理的选择 P 与 A 的比例，对合成反应特别重要。

　　（2）A 与 F 物质的量比对分散保塑性能的影响

　　在 P 和 B 一定条件下，实验不同的 A 与 F 物质的量比，其分散保塑性能关系如图 2.14。

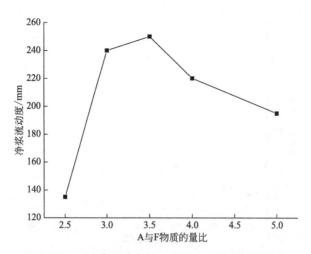

图 2.14　2h 净浆流动度与 A 与 F 物质的量比的关系

甲醛作为苯酚羟甲基化的试剂，它的加入量对产品性能有重要的影响。从图 2.14 中可以看出，F 与 A 的配比对产物 2h 净浆流动度影响较大，二者之间存在一个最佳比例，即当 F∶A＝3.5 时，产品对水泥的净浆流动度最大，分散作用最大。F∶A＜3.5 时，由于 F 的量较少，不能跟苯酚生成足量的羟甲基苯酚，因此，在整个反应过程中，活性中间体太少，不能跟对氨基苯磺酸钠完全反应或生成足够分子量的产物。F∶A＞3.5 时，反应过程中的活性中间体较多，苯酚间易发生缩合反应，而和对氨基本磺酸钠反应的活性中间体相对减少，影响产品的性能。

（3）反应温度对分散保塑性能的影响

在其他条件一定下，改变不同的反应温度，测得的 2h 净浆流动度如图 2.15。

分析图 2.15 可知，ASP 高效塑化剂的 2h 净浆流动度随温度的升高而显著增加。这是因为整个反应是一个吸热反应，温度低，达不到反应要克服的活化能，不能进行充足的缩聚反应，难以形成一定分子量的塑化剂，进而分散性能变差。

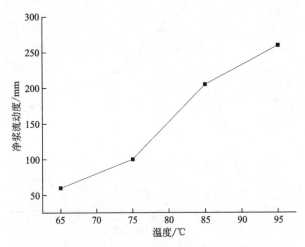

图 2.15　2h净浆流动度与反应温度的关系

（4）反应时间对分散保塑性能的影响

固定其他反应条件，控制不同的反应时间，测得的 2h 净浆流动度如图 2.16 所示。

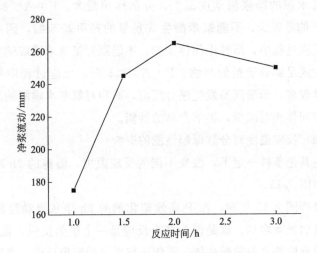

图 2.16　2h净浆流动度与反应时间的关系

ASP 高效塑化剂对水泥的作用，不仅跟缩聚物的分子结构、分子中各官能团的比例有关，而且与其分子量的大小有关。缩聚物分子量大小不同，对水泥的作用也不同。分子量的过大或过小，对水泥的分散保塑效果都不利，而反应时间的长短直接决定分子量的大小。从图 2.16 可以看出，随着缩聚反应时间的延长，塑化剂的水泥净浆流动度增大，当反应时间到达 2h 时，水泥净浆流动度最大，约为 270mm；当超过 2h 后，产品的净浆流动度开始下降。这说明随着反应时间的增大，缩聚物的分子量增大，产品的分散性能变大。在 2h 合成产品的分子量对水泥的分散作用最好，此时的分子量应该是缩聚物的最佳分子量。但当反应时间继续延长，分子量进一步增大，分散性能变差。

（5）碱性对分散保塑性能的影响

在相同配方和工艺条件下，调整 NaOH 加入量，产品 2h 的净浆流动度如图 2.17。

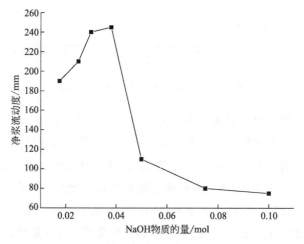

图 2.17 2h 净浆流动度与 NaOH 物质的量的关系

分析图 2.17 可以得出，NaOH 的加入量对产品的性能影响特别显著，这主要是由于碱的催化作用影响。NaOH 加入量小时，影响对氨基苯磺酸钠和苯酚的反应活性；NaOH 加入量大时，反应体系中的碱性太强，影响甲醛的活性，不能形成足够的中间体——羟甲基酚。所以，ASP 合成中，碱性的影响很显著，需要有一个兼顾双方的最佳碱浓度，这也与分子结构中酸碱分析一致。

（6）反应浓度对分散保塑性能的影响

调节不同的反应浓度，合成产品的 2h 的净浆流动度变化曲线如图 2.18。

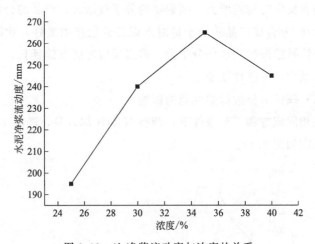

图 2.18　2h 净浆流动度与浓度的关系

反应浓度也是影响合成反应的一个重要因素，图 2.18 反映了这一现象。当浓度为 25％时，产品的 2h 净浆流动度仅为 195mm。随着浓度的增大，净浆流动度变大，产物的分散性能逐渐变好。当浓度为 35％时，2h 净浆流动度达到 265mm，此时，产品的分散作用最佳。浓度继续增大，净浆流动度反而减小，分散作用变差。这说明浓度为 35％时，合成的 ASP 高效塑化剂的性能最好。

（7）加料方式对分散保塑性能的影响

甲醛一次加入反应体系与滴加甲醛时的 2h 净浆流动度如图 2.19 所示。

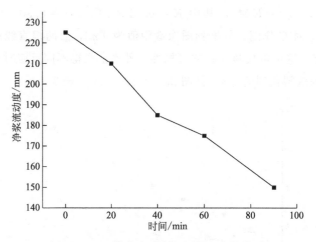

图 2.19 2h 净浆流动度与加料方式的关系

图 2.19 表明，在掺量相同条件下，随着甲醛滴加时间的延长，2h 净浆流动度显著下降。一次加料时 2h 净浆流动度约为 225mm；滴加甲醛 90min 时的 2h 净浆流动度只有约 150mm。这主要是由于滴加甲醛的时间不同，影响了反应体系的瞬时甲醛的浓度。由酸碱强度分析可知，在 ASP 高效塑化剂合成条件下，酸的中心是甲醛，而碱的中心是苯酚离子、苯酚、对氨基苯磺酸钠，它们的碱性依次降低。文献证明甲醛与苯酚离子、苯酚在酸性及碱性条件下极易反应生成羟甲基苯酚，所以一次加入，羟甲基化苯酚在反应体系中的浓度较高，有利于缩聚反应的进行。

2.4.1.3 ASP 高效塑化剂分子量的测定与分散保塑性能

（1）黏度法测定 ASP 高效塑化剂分子量

分子量的计算方法如下：由相对黏度 $\eta_r = \dfrac{\eta}{\eta_0} = \dfrac{t}{t_0}$ 和增比黏度 $\eta_{sp} = \eta_r - 1$，可求得 $y_1 = \dfrac{\eta_{sp}}{C} = [\eta] + K[\eta]^2 C$，$y_2 = \dfrac{\ln\eta_r}{C} = [\eta] + \beta$

$[\eta]^2C$，$[\eta]=K\overline{M}^\alpha$，其中 $K=6.31\times10^{-3}$、$\alpha=0.80$。分别以 y_1、y_2 对 C 作图，外推到图像截距值为 $[\eta]$，故两根直线应会合于一点，这也可校核实验的可靠性。外推法求得不同反应时间合成 ASP 高效塑化剂的 $[\eta]$ 见图 2.20～图 2.23 和表 2.7。

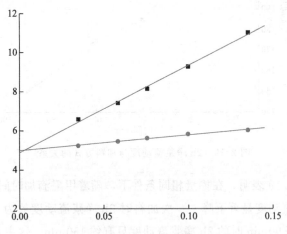

图 2.20　外推法求反应 1h 的 $[\eta]$

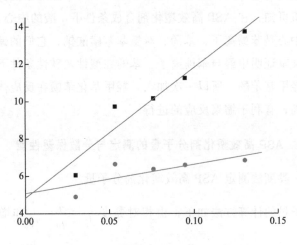

图 2.21　外推法求反应 1.5h 的 $[\eta]$

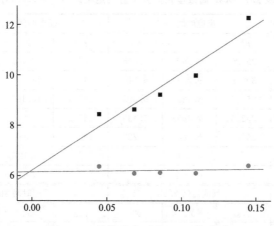

图 2.22 外推法求反应 2.5h 的 $[\eta]$

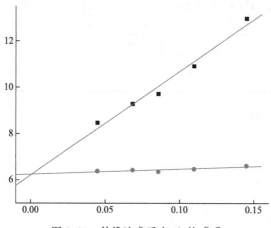

图 2.23 外推法求反应 3h 的 $[\eta]$

　　由表 2.7 可看出，随着时间的延长，分子量逐渐增大。原因是 ASP 合成反应是缩聚反应，随着时间的延长，分子量逐渐增加。

　　（2）ASP 高效塑化剂分子量与 2h 净浆流动度的关系

　　ASP 高效塑化剂分子量与 2h 净浆流动度的关系见图 2.24。

表 2.7　ASP 高效塑化剂分子量测定结果（$t_0 = 129.1s$）

浓度/%	反应时间 1h			反应时间 1.5h		
	$\bar{t}/s$	y_1	y_2	$\bar{t}/s$	y_1	y_2
13.50	391.9	11.005	6.005	457.3	13.741	6.838
9.96	307.9	9.258	5.810	346.4	11.250	6.598
7.56	260.9	8.129	5.602	293.9	10.167	6.377
5.83	232.6	7.405	5.438	265.2	9.732	6.648
3.48	201.0	6.568	5.222	195.4	6.061	4.894
[η]	4.971			5.127		
M	4173.7			4338.0		
浓度/%	反应时间 2.5h			反应时间 3h		
	$\bar{t}/s$	y_1	y_2	$\bar{t}/s$	y_1	y_2
13.50	422.1	12.27	6.405	438.7	12.962	6.611
9.96	321.8	9.980	6.103	339.8	10.909	6.471
7.56	278.6	9.220	6.123	286.6	9.713	6.354
5.83	249.8	8.633	6.094	258.8	9.280	6.427
3.48	221.5	8.443	6.368	221.8	8.467	6.380
[η]	6.132			6.243		
M	5425.8			5548.9		

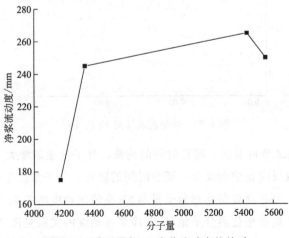

图 2.24　分子量与 2h 净浆流动度的关系

图 2.24 表明：在掺量一定的条件下，分子量的大小影响水泥的分散保塑性。随着分子量的增加，2h 净浆流动度有一个最大值，也就是说要使 ASP 高效塑化剂的性能最好，必须控制缩聚物的分子量。分子量为 4173.7 时，水泥的净浆流动度只有约 175mm，分散保塑性较差；分子量为 5425.8 时，净浆流动度达到约 265mm，具有很好的保塑性和流动性；而分子量为 5548.9 时，净浆流动度降为约 245mm，性能相对变差。这是因为一方面，在掺量一定时，ASP 高效塑化剂分子量较小时，不能形成多点吸附，不利于在水泥颗粒间形成较高的静电斥力位能。另外，分子量小的 ASP 高效塑化剂分子吸附牢固性差，疏水性链短，粒子间摩擦较大，对水泥分散不如分子量大的塑化剂。另一方面，分子量大的 ASP 塑化剂单个分子—SO_3^- 含量增多，分散性更好。此外，分子量大，支链化程度高，立体位阻效应大，保塑性强。但当分子量超过一定量时，由于架桥作用，产生局部凝聚，分散和保塑性反而降低。

2.4.1.4 ASP 高效塑化剂掺量与初始净浆减水率的关系

按《混凝土外加剂》（GB 8076—2008），测定初始净浆流动度为 185mm 时，不同掺量时的用水量，然后计算初始净浆减水率，结果见表 2.8。其计算式为：

表 2.8 ASP 掺量与初始净浆减水率关系的测定结果

掺量 /%	样品 1		样品 2	
	用水量/mL	减水率/%	用水量/mL	减水率/%
0.0	145	—	145	—
0.13	130	10.34	120	17.24
0.20	105	27.59	95	34.48
0.26	95	34.48	85	41.38
0.33	85	41.38	77	46.90
0.39	80	44.83	75	48.28

掺量 /%	样品 3		样品 4	
	用水量/mL	减水率/%	用水量/mL	减水率/%
0.0	145	—	145	—
0.13	120	17.24	120	17.24
0.20	100	31.03	95	34.48
0.26	90	37.93	90	37.93
0.33	85	41.38	85	41.38
0.39	75	48.28	75	48.28

注：样品 1～4 是 ASP 分别在 1h、1.5h、2h、3h 时间内合成的产品。

$$W_R = \frac{W_0 - W_1}{W_0}$$

式中　　W_R——减水率，%；

　　　　W_0——基准水泥用水量，mL；

　　　　W_1——掺塑化剂用水量，mL。

根据 ASP 高效塑化剂掺量与初始减水率的关系做图 2.25。

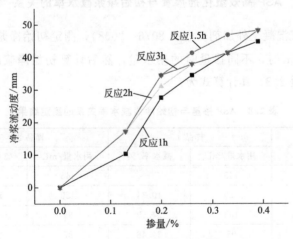

图 2.25　ASP 掺量与初始减水率的关系

图 2.25 表明：同一种 ASP 高效塑化剂掺量不同，初始水泥净

浆减水率不同。掺量越大，初始减水率越高，但掺量大时减水率增加的幅度降低。这是因为在水泥浆体中，高效塑化剂的量越多，吸附在水泥颗粒的 ASP 高效塑化剂越多，分散性能越好。同时还可看出，不同反应时间生成的 ASP 高效塑化剂，它们的初始净浆减水率也不同。

2.4.1.5 ASP 高效塑化剂掺量对分散保塑性能的影响

根据不同的掺量，测得 2h 净浆流动度，绘制曲线如图 2.26 所示。

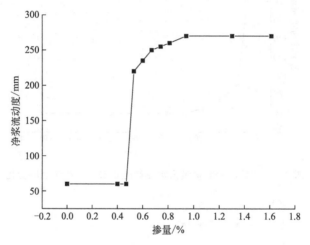

图 2.26 ASP 掺量与 2h 净浆流动变化曲线

从图 2.26 可以看出，ASP 高效塑化剂掺量在 0.48% 以下时，塑化剂对水泥无分散作用，没有流动性；掺量到达 0.53% 时，对应的 2h 净浆流动度有了显著地提高；掺量在 1.0% 时净浆流动度趋于平衡，不再随掺量的增加而增大。这是因为高效塑化剂在水泥颗粒表面有一极限吸附量，超过一定浓度，水泥颗粒表面吸附的 ASP 高效塑化剂不再变化。另外，图 2.26 还表明，从无流动性到有较好的流动性有一个突跃范围，为 0.48%～0.53%。

2.4.1.6 ASP 高效塑化剂在不同温度和不同掺量时的净浆流动度 经时变化

（1）0℃时，ASP 不同掺量的净浆流动度的经时变化如图 2.27～图 2.29 所示。

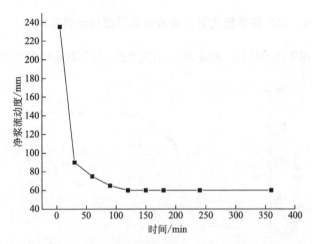

图 2.27 0℃，ASP 掺量为水泥量的 0.53% 时净浆经时变化

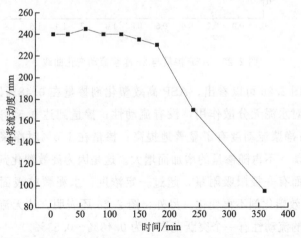

图 2.28 0℃，ASP 掺量为水泥量的 0.67% 时净浆经时变化

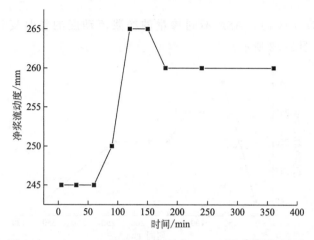

图 2.29　0℃，ASP 掺量为水泥量的 0.94% 时净浆经时变化

比较图 2.27～图 2.29 可以看出，0℃时，ASP 掺量为 0.53%时，水泥的净浆流动度经时损失相当大，1h 后几乎无流动性。掺量为 0.67%时，3h 内净浆流动度损失基本无损失，仍能保持在 240mm 左右。掺量继续增大，当达到 0.94%时，1h 内水泥净浆流动度保持在 245mm 左右，随着时间的延长，净浆流动度反而增大，6h 的水泥净浆流动度约为 260mm。

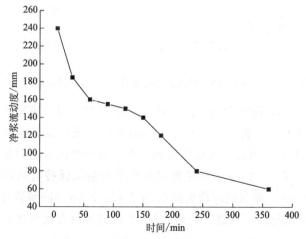

图 2.30　10℃，ASP 掺量为水泥量的 0.53% 时净浆经时变化

（2）10℃时，ASP 不同掺量的净浆流动度的经时变化如图 2.30～图 2.32 所示。

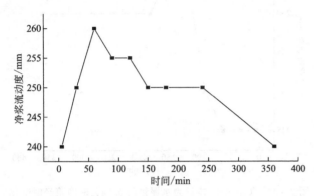

图 2.31　10℃，ASP 掺量为水泥量的 0.67％时净浆经时变化

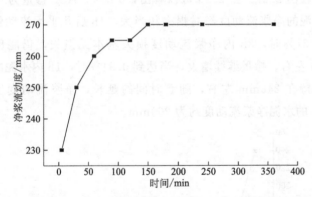

图 2.32　10℃，ASP 掺量为水泥量的 0.94 ％时净浆经时变化

图 2.30～图 2.32 表明：10℃时，掺量较少时，净浆流动度的经时损失相对缓慢，并且在 1～2.5h 范围内能使净浆流动度保持 150mm 左右。随着掺入量的增加，净浆流动度没有经时损失。在掺量为 0.67％时，6 h 净浆流动度先增加后又保持与初始状态相同，240mm。掺量继续增大到 0.94 ％时，2.5h 内净浆流动度增加到 270mm 左右，并趋于平衡。与 0℃时的经时变化相比，净浆流

动度均有不同程度的增加。

（3）20℃时，ASP 不同掺量的净浆流动度的经时变化如图 2.33～图 2.35 所示。

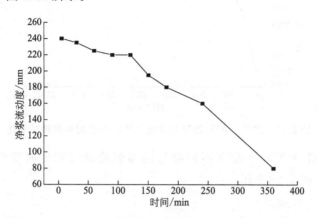

图 2.33 20℃，ASP 掺量为水泥量的 0.53% 时净浆经时变化

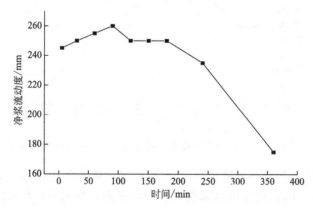

图 2.34 20℃，ASP 掺量为水泥量的 0.67% 时净浆经时变化

图 2.33～图 2.35 表明：ASP 掺量为 0.53% 时，净浆流动度仍有经时损失的趋势。掺量为 0.67% 时，在 3h 内塑化剂对水泥具有良好的保塑性，3h 后经时变化大。掺量在 0.94% 时，水泥的流动性仍很好。

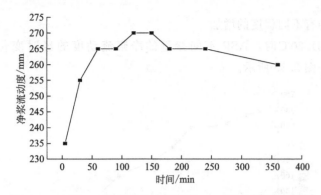

图 2.35 20℃，ASP 掺量为水泥量的 0.94％时净浆经时变化

（4）30℃时，ASP 不同掺量的净浆流动度的经时变化如图 2.36～图 2.38 所示。

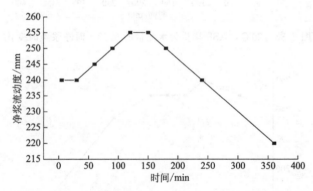

图 2.36 30℃，ASP 掺量为水泥量的 0.53％时净浆经时变化

图 2.36～图 2.38 说明：在 30℃时，掺量在 0.53％～0.94％ 范围内，4h 内的净浆流动度没有经时损失，塑化剂具有良好的保塑性。与 0℃时的经时变化相比较，其流动性大幅度提高。特别是掺量为 0.53％时，30℃时的净浆流动度在 4h 时仍能保持 240mm，而 0℃时 4h 几乎无流动性。

（5）40℃时，ASP 不同掺量的净浆流动度的经时变化如图 2.39～图 2.41 所示：

比较图 2.39～图 2.41 可以看出，40℃时比 30℃时的净浆流动

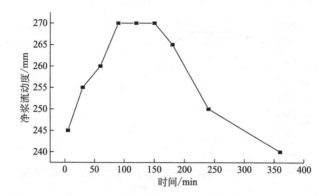

图 2.37　30℃，ASP 掺量为水泥量的 0.67％时净浆经时变化

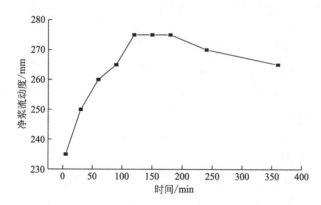

图 2.38　30℃，ASP 掺量为水泥量的 0.94％时净浆经时变化

度经时损失略大些，这主要是因为随着温度升高，水泥浆体中的水分蒸发得过快，水量减少，降低了水泥的流动性。同时，由于水灰比相对降低，也影响水泥的水化进程，使 ASP 高效塑化剂的分散、保塑性能降低。

　　综合图 2.27～图 2.41 可以看出，ASP 掺量小对分散保塑性能影响显著，水泥净浆流动度经时损失较大；掺量大时，ASP 高效塑化剂具有良好的分散和保塑性能。这是因为掺量小，根据朗谬尔吸附方程，吸附在水泥颗粒表面的塑化剂的量较少，形成的双电子层较薄，电动电位小，不能长久地维持它的电位，静电斥力降低，

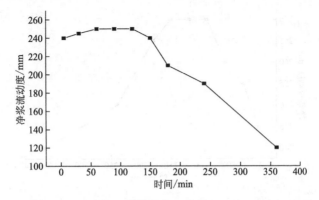

图 2.39　40℃时，ASP 掺量为水泥量的 0.53％时净浆经时变化

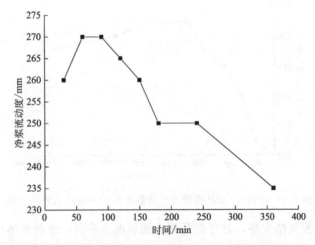

图 2.40　40℃时，ASP 掺量为水泥量的 0.67％时净浆经时变化

净浆流动度损失大。掺量大时，ASP 高效塑化剂在水泥浆体中的浓度大，即使水泥不断水化，水泥颗粒表面塑化剂吸附量也比较大，形成的双电子层较厚，电动电位大，静电斥力大，作用时间长。另外，水泥浆体中，ASP 塑化剂浓度大，被吸附在水泥颗粒表面的塑化剂形成一层溶剂化单分子膜，在相当长的时间内阻碍或破坏了水泥的凝聚作用。因此，宏观表现为水泥具有良好的流动性

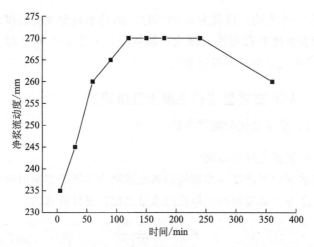

图 2.41　40℃时，ASP 掺量为水泥量的 0.94％时净浆经时变化

和保塑性。温度对 ASP 高效塑化剂的分散和保塑性能影响也十分明显，由以上各图的变化曲线来看，一般说来，温度高使用效果较好，30℃时使用最佳。

ASP 在不同掺量、不同温度下，2h 净浆流动度的变化曲线如图 2.42 所示：

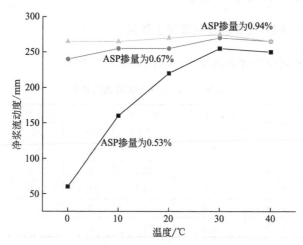

图 2.42　ASP 在不同掺量不同温度 2h 时净浆流动度的变化曲线

图 2.42 表明：掺量为 0.53％时，2h 净浆流动度受温度影响较大，随着温度升高而明显增大；掺量为 0.67％、0.94％时，温度对 2h 净浆流动度基本没有影响。

2.4.2 ASP 高效塑化剂混凝土性能研究

2.4.2.1 混凝土性能测试方法

（1）混凝土减水率测定

减水率为坍落度基本相同的基准混凝土和掺外加剂混凝土单位用水量之差与基准混凝土单位用水量之比。其计算式为：

$$W_R = \frac{W_0 - W_1}{W_0}$$

式中　W_R——减水率，％；

　　　W_0——基准混凝土单位用水量，kg/m^3；

　　　W_1——掺外加剂混凝土单位用水量，kg/m^3；

（2）混凝土坍落度

混凝土坍落度测定按《混凝土物理力学性能试验方法标准》（GB/T 50081—2019）进行。

2.4.2.2 ASP 高效塑化剂混凝土性能

ASP 高效塑化剂混凝土性能测试结果见表 2.9。

表 2.9　ASP 混凝土性能测试结果

掺量/%	水灰比	初始坍落度/cm	减水率/%	强度/MPa		
				3d	7d	28d
0	0.58	7.0	—	12.3	28	32
1.2	0.56	7.5	12.3	18	27.4	36.7
1.5	0.53	6.0	18.7	19.5	31.3	42.8
1.8	0.52	7.0	21.8	22	34	52.5
2.0	0.49	6.5	27.0	10.6	26.8	35.8

注：配合比为 C∶S∶G＝1∶2.17∶3.09。

表 2.10 表明，随着 ASP 高效塑化剂掺量的增加，混凝土减水率明显增加。掺量为 2.0%，混凝土减水率达到 27.0%。这说明 ASP 塑化剂掺量大，分散作用强，在保持相同和易性时，用水量显著减少。但 ASP 高效塑化剂掺量大，易泌水，泌水的原因可能与分子的结构和分子量的大小有关，目前尚不完全清楚。泌水对混凝土的结构和操作带来很大的影响，从而也影响混凝土的强度。工程上为克服这一弱点，通常采用复配的方法来解决。同时，表 2.9 还表明掺加 ASP 高效塑化剂能提高强度。随着掺入量的加大，各龄期的强度逐渐增大，在掺加量为 1.8% 时，强度最大，达到 52.5MPa，28d 的强度提高了 64%。但超过这一掺加量时，混凝土的强度锐减，28d 的强度只有 35.8MPa。这是由于 ASP 高效塑化剂的加入导致了大量泌水，拌和物分散不均匀，对混凝土的结构产生了破坏性影响，严重影响了混凝土的强度增长。ASP 高效塑化剂掺量大、易泌水，泌水的原因是否与分子的结构和分子量的大小有关，目前尚不完全清楚。工程上为克服这一弱点，通常采用复配的方法来解决。

2.4.2.3 ASP 高效塑化剂的掺入对混凝土钢筋锈蚀影响

钢筋混凝土结构的耐久性和混凝土的碳化密切相关。新拌混凝土中的 pH 值一般为 12.5 左右，呈碱性。由于碱性的保护作用而使钢筋不被锈蚀。但是，当硬化混凝土的表面长期暴露于空气中时，在一定的温度和湿度下产生下列化学反应：

$$Ca(OH)_2 + CO_2 \overline{} CaCO_3 + H_2O$$

混凝土中的钢筋逐渐失去碱性钝化膜的保护，产生电化学腐蚀，而使钢筋生锈，由于铁锈的体积比原来的钢筋体积增大 2.0~2.5 倍，其膨胀压导致混凝土保护层的开裂与脱落，这样就大大加速钢筋的锈蚀。由于钢筋有效断面逐渐减小使结构物的承载能力与设计所具有的功能不断削弱，最终可能导致建筑物的破坏。

将掺有 ASP 树脂的砂浆做钢筋锈蚀试验，以阳极极化值为纵坐标，时间为横坐标，绘制阳极极化电位-时间曲线，如图 2.43。

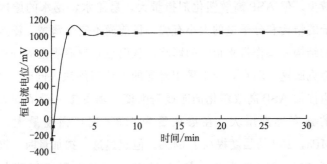

图 2.43　掺入 ASP 的硬化砂浆电位-时间曲线

由图 2.43 可以看出，ASP 作为混凝土对钢筋无锈蚀危害。这是由于 ASP 本身不含有氯离子，而且混凝土中掺入 ASP 后，大大降低了混凝土中的用水量，使其碳化能力比不掺塑化剂的混凝土提高许多，因而混凝土的整体耐久性将有显著提高。

2.5　ASP 高效塑化剂复配技术研究

复配技术是当今混凝土技术发展的一大趋势。通过复配，充分利用两种或更多种塑化剂中各官能团的叠加作用，互相弥补自身的缺点和不足，对提高混凝土的性能具有良好的作用。大量的实验表明，ASP 塑化剂和 FDN（萘磺酸盐甲醛缩合物，以下简称 FDN）塑化剂具有良好的协同效应，对混凝土的分散和保塑效果优良。这可能是因为 FDN 塑化剂中的—SO_3^- 的比例相对较多，和 ASP 塑化剂中—SO_3^- 叠加，当复配后的塑化剂吸附在水泥颗粒表面时，形成的双电子层较厚，全位能高，电动电位大，作用于混凝土时，水泥颗粒分散得更均匀。同时，ASP 塑化剂具有较多的支链，有相对较大的立体效应，和 FDN 塑化剂长的直链相协调，能使二者对混凝土的作用达到最佳状态。大量实验证明，ASP 与 FDN 按 5：2 复配，效果最好。

2.5.1　ASP 塑化剂与 FDN 塑化剂复配后泵送混凝土的工作性

ASP 与 FDN 按 5：2 复配后用于泵送混凝土的工作性见表 2.10。

表 2.10　ASP 与 FDN 按 5：2 复配后用于泵送混凝土的坍落度经时损失

掺量/%	初始坍落度/cm	0.5h 坍落度/cm	1h 坍落度/cm	水灰比
0	7.5	7.5	7.0	0.51
1.0	18.5	12.0	6.0	0.52
1.5	23.0	22.0	19.0	0.53
2.0	22.0	21.5	19.0	0.49
2.5	23.0	23.0	22.0	0.50

注：配合比为 C：S：G＝1：2.27：3.39。

从表 2.10 中可以看出，在水灰比基本相同的情况下，掺加 ASP 高效塑化剂的量越多，坍落度损失越小。同时也表明，提高泵送混凝土的工作性，抑制坍落度损失的一种有效方法是掺加塑化剂。塑化剂能抑制坍落度损失主要是因为塑化剂对水泥水化反应的影响。由于塑化剂能使水泥颗粒分散程度增加，加速水泥颗粒的水化，使部分自由水变为结合水。吸附在水泥颗粒或早期水化产物上的塑化剂被水化产物包裹或与水化产物反应，含量降低，从而降低塑化剂的分散能力，造成水泥颗粒的凝聚，宏观上使混凝土流动性下降。加大塑化剂的掺量，使其浓度增大，对水泥颗粒的分散能力增强，减小坍落度的损失。

2.5.2　ASP 高效塑化剂与 FDN 塑化剂复配性能

ASP 与 FDN 按 5：2 复配后混凝土的性能测试结果见表 2.11。

表 2.11　ASP 与 FDN 按 5∶2 复配后混凝土的性能测试结果

掺量/%	W/C	1h 坍落度 /cm	减水率 /%	强度/MPa		
				3d	7d	28d
0	0.68	18.5	—	12.7	26	31.5
1.2	0.56	19.0	12.3	15.7	32.7	48
1.5	0.53	19.0	18.7	17.5	35	54.5
1.8	0.52	19.5	21.8	21	48.5	64
2.0	0.49	19.0	27.0	19.8	34.7	56.3

注：配合比为 C∶S∶G=1∶2.27∶3.39。

由表 2.11 可看出：复配后混凝土的各龄期的强度明显改善，随着掺量的增加，28d 混凝土的强度与基准的抗压强度比分别为152%、173%、203%、179%。这主要是因为 ASP 与 FDN 复配后发挥二者的各官能团的协同效应和立体位阻作用，增加了分散和保塑性能，尤其是泌水性减少，混凝土拌和物均匀。但复配后的塑化剂掺量大，泌水率又增大，混凝土结构受到破坏，强度降低。同时，吸附在水化水泥颗粒表面上的塑化剂阻止水泥之间的搭桥，影响强度的增长。

2.6　ASP 高效塑化剂性价比的比较

高效塑化剂在混凝土中主要的功能是分散和保塑，而保塑性是这类产品的主要功能。目前对混凝土拌和物的保塑性可由坍落度的大小来评价。从方便快捷出发，在一定程度上可用净浆流动度大小来反映混凝土的保塑程度，但二者是有差异的，因为净浆的流变性能虽然是混凝土流变性质的基础，但不是问题的全部，它们之间不是单纯的比例关系，这与混凝土是颗粒流变体系有关。为了将净浆与混凝土流动性建立起一定的关系，本书作了大量的对照性实验，可以通过净浆测定而预测混凝土的坍落度，进而提供参考。实验的结果表明：净浆（87mL 水）经时 2h 后的流动度达到 250mm 左右时，对该类塑化剂掺量增加 0.8～1.0 倍，可达到一般标号混凝土（C30～C50）泵送混凝土的要求。因此采用了"临界保塑掺量"的概念表示，即 300g 水泥、87mL 水、2h 净浆流动度达到（250±15）mm 时的塑化剂掺量，以此作为合成产品质量评价的标准，这对合成产品质量控制具有重要意义，这也是衡量不同塑化剂质量的依据。水泥净浆流动度随高效塑化剂掺量的增加而增大，但达到某一掺量后，继续增加塑化剂的量不再影响流动性或影响很小，这一掺量为最佳掺量，该点称为"饱和点"，即临界保塑掺量。在实验室内，用临界保塑掺量可初步评价塑化剂的性能优劣。

通过临界保塑掺量可以算出达到相同性能产品的价格，从而得到产品综合性能指标的性价比，对所研制的 ASP 产品与上海花王高浓 FDN 产品的性价比结果如表 2.12。

表 2.12　ASP、FDN 及其复配的净浆保塑性实验结果

序号	掺量/%		净浆流动度/mm			临界保塑浓度	保塑成本
	FDN	ASP	1h	2h	3h	/%	/(元/t)
1	0.67	—	250	250	135	0.67	23.7
2	—	0.97	300	295	280	<0.97	26.7
3	—	0.73	250	265	245	0.73	20.3
4	0.10	0.65	250	260	232	0.66	21.4
5	0.19	0.50	250	255	230	0.69	20.4
6	0.30	0.41	255	250	205	0.71	21.8
7	0.33	0.19	250	205	80	0.52	不保塑

注：FDN 生产成本为 3530 元/t；ASP 为 2750 元/t。

由表 2.12 的实验结果可以看出：2 已超过保塑掺量要求，7 达不到保塑掺量要求，其他五组在 2h 流动度内可达到 250mm 以上，相应的保塑成本均低于 FDN。3 达到与 FDN 相同效果时价格可降

14％，ASP 与 FDN 以 5：2 复配时性价比最好，比 FDN 提高 14％以上。

根据 5 净浆复配结果，配制相应的混凝土泵送剂，其混凝土的性能测试结果见表 2.13。

表 2.13 ASP 与 FDN 复配后作混凝土泵送剂的混凝土性能测试结果

序号	复合泵送剂比例 (FDN：MG：BS：ASP)	1h 坍落度 /cm	抗压强度/MPa			生产成本 /(元/t)
			3d	7d	28d	
1	27：3：8.7：0	17.5	15	28.2	32	2807
2	5.7：3：8.7：20	18.5	13.4	26.8	36.3	2366

注：混凝土配合比为 C：S：G：W＝1：1.56：2.33：0.35。

FDN 按 3530 元/t、ASP 按 2750 元/t、MG 按 3000 元/t、BS 为自制的保塑剂按 500 元/t 计算。上述实验证明，复合的泵送剂每吨可降低成本 15.7％以上，效益十分显著。

按比例对氨基磺酸钠和苯酚加入反应釜中，加热溶解，再加入碱，最后加入甲醛，搅拌，控制反应温度和缩合时间，反应完毕后，冷却出料，检测产品质量。其生产工艺流程如图 2.44。

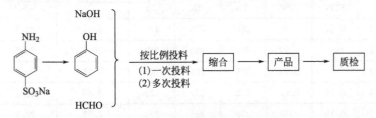

图 2.44 ASP 高效塑化剂生产工艺流程

2.7 ASP 高效塑化剂塑化作用机理初探

水泥加水拌和后，由于颗粒间分子引力作用，以及水泥水化初期水化产物带有不同的电荷而相互吸引，水泥浆体形成许多絮凝结构，包裹了许多水，制约了水泥颗粒与水的接触面积，影响水泥水化程度，对混凝土的强度产生不利的影响。利用塑化剂的高度分散作用，使水泥颗粒絮凝体结构解体与分散，进一步增大了水泥的水化程度，改善了混凝土固化过程，提高了强度。ASP 高效塑化剂是一种典型的高分子表面活性剂，由于表面活性的定向作用，使水泥颗粒得以很好的分散。ASP 对水泥颗粒的塑化作用机理主要是由分子中含有亲水性基团、分子的结构以及分子吸附状态决定的。ASP 分子中分支链多，疏水基分子链短，它溶于水后，垂直吸附在水泥水化颗粒表面。而大量的亲水基团—SO_3^- 则伸向水中，因此，在水泥颗粒表面形成强的电动电位，水泥颗粒间形成强的静电斥力，促使水泥颗粒处于分散状态，阻碍水泥颗粒的絮凝。同时，分子含有过多的—CH_2OH，能和水形成强烈的氢键，构成一层立体保护膜，产生一定的空间位阻，增大水泥的分散作用。另外，吸附在水泥颗粒表面的 ASP 高效塑化剂产生显著的润滑和润湿作用，降低表面自由能，增大水化面积，加快水泥水化程度，使水泥颗粒分散均匀，将絮凝体中的水游离出来，改善混凝土的和易性，减少拌和用水量，相应地降低了水灰比，增加密实性，提高混凝土的早期和后期的强度。ASP 分子结构中含有大量的苯环，具有较强的刚性，并且 ASP 分子呈链式网状结构，因此保坍性好。

2.8　小结

（1）ASP 合成机理是整个反应的关键，通过酸碱基本理论分析、重量计算和 IR 光谱表征等方法，证实了反应机理。ASP 的合成反应为：在碱性催化条件下，甲醛和苯酚反应生成活性中间体——羟甲基酚，然后和对氨基苯磺酸钠苯环上氨基的邻位发生缩合反应，同时氨基上只有一个 H 和甲醛反应生成仲胺，最后的高聚物可能以以下方式存在：

①

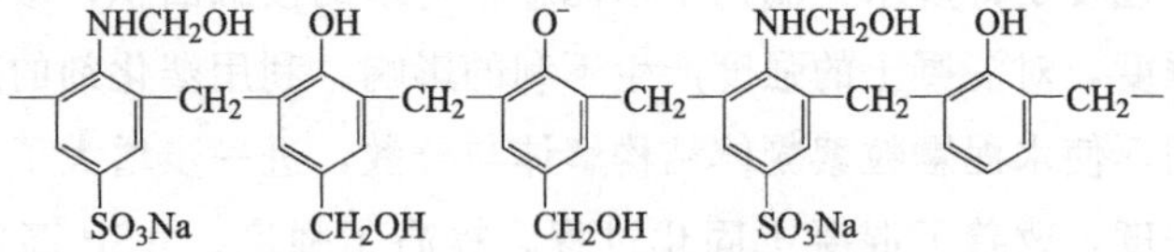

②

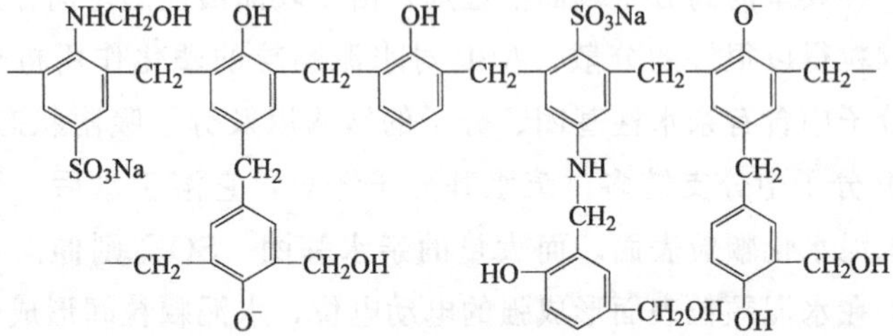

（2）ASP 合成原料的配合比和工艺条件的选择是合成性能优良塑化剂的关键。优化出合成 ASP 的配比为对氨基苯磺酸钠：苯酚：甲醛：氢氧化钠 = 20：12：20：1。工艺条件为 T——95℃；t——2h；c——35%。

（3）ASP 高效塑化剂红外光谱表征了分子中含有—SO_3^-、—OH、—NH。

（4）ASP 高效塑化剂表面张力、配比和工艺条件、分子量、掺量对水泥的 2h 净浆流动度、净浆经时损失、净浆减水率和混凝土的减水率、强度有着深刻的影响。ASP 高效塑化剂降低水的表面张力，具有一定的表面活性；原料配比和工艺条件影响水泥的分散保塑性。分子量的大小对 2h 净浆流动度即保塑分散性影响显著，分子量为 5425 左右时最佳。掺量为 1.0% 时，达到饱和，2h 净浆流动度不再发生大的变化。温度和掺量影响净浆经时损失，在温度为 30℃ 的净浆损失最小，温度过高过低均不利；掺量大净浆经时损失小。净浆减水率和混凝土的减水率大小跟掺量有关，掺量大，减水率高。掺量为 2.0%，混凝土减水率达到 27.0%。掺 ASP 塑化剂能提高混凝土的早期和后期强度，在掺加量为 1.8% 时，28d 强度提高了 64%。但掺加的量要适当，掺量过量时，由于泌水强度反而降低。实验证明 ASP 高效塑化剂的掺入对混凝土的钢筋锈蚀无影响。

（5）利用复配技术可用来解决 ASP 泌水性大的缺点，坍落度损失小，提高泵送性，改善混凝土的工作性，明显改善强度。

（6）ASP 比 FDN 的性价比高 14%；ASP：FDN＝5：2 复配净浆和混凝土保塑性好，性价比高，与 FDN 比较可降低成本 14%～15.7%。

───── 第三章 ─────

聚羧酸（MAP）
高效塑化剂的合成与性能

聚羧酸高效塑化剂是国内外研究的热点，自聚羧酸高效塑化剂问世以来经历了不同发展阶段。由于聚羧酸高效塑化剂分子结构设计的灵活性，根据聚羧酸高效塑化剂的使用功能，目前主要包括聚醚型、聚酯型和酰胺型等聚羧酸高效塑化剂。

3.1　聚羧酸（MAP）高效塑化剂的合成原理

MAP 高效塑化剂的合成属于自由基聚合，是链式共聚反应，其反应机理可分为链的引发、链的增长和链的终止反应。

链的引发：$I \rightarrow 2R\cdot$ ；$R\cdot + M_1 \rightarrow RM_1\cdot$ ；……；$R\cdot + M_n \rightarrow RM_n\cdot$

链的增长：$RM_1\cdot + M_1 \rightarrow M_1\cdot\sim\sim$ ；……；$RM\cdot + M_n \rightarrow M_n\cdot\sim\sim$

链的终止：$\sim\sim M_1\cdot + M_n\cdot\sim\sim \rightarrow \sim\sim M_1\cdots M_n\sim\sim$

遵循自由基共聚反应原理，MAP 的基本合成反应可用下式表示：

$$M_1 + M_2 + M_3 + M_4 \xrightarrow{\text{引发剂}} \sim M_1 M_2 M_3 M_4 \sim$$

反应过程中经链引发、链增长、链终止等基元反应。

3.2　MAP 高效塑化剂合成实验

3.2.1　实验原材料、仪器及方法

3.2.1.1　实验原材料、仪器

实验原料：乙烯基聚醚（M_1）、马来酸酐（M_2）、丙烯酸（M_3）、甲基丙烯磺酸钠（M_4）、过硫酸钾（I）、自来水。

实验仪器：KDM 型控温电热套（郓城华鲁电热仪器有限公司产）、四口烧瓶、冷凝管、恒压漏斗、JJ-1 增力电动搅拌器（江苏

金坛医疗仪器厂产)、铁架台、温度计、烧杯。

3.2.1.2 实验方法

将乙烯基聚醚（M_1）、马来酸酐（M_2）、丙烯酸（M_3）在烧杯中溶解后，加入过硫酸钾（I），然后倒入恒压漏斗中，向装有温度计搅拌器冷凝管的四口烧瓶中滴加，加热升温、搅拌，控制反应时间。反应完毕后，冷却出料，按《混凝土外加剂匀质性试验方法》（GB/T 8077—2012）测定固含量和2h的净浆流动度，评价保塑和分散性能。

3.2.2 MAP 高效塑化剂实验结果与讨论

3.2.2.1 MAP 高效塑化剂原料配比的正交实验结果与分析

依据正交实验的要求，设计 $L_9(3^4)$ 实验，见表3.1，结果见表3.2和图3.1。在表3.2中 K、R 的计算方法同2.2.2.1节。

表 3.1　MAP 合成原料配比的因素与位级

水平	因素			
	M_1/g	M_2/g	M_3/g	M_4/g
1	16	5	1	0.6
2	20	7	2	0.8
3	24	9	3	1.0

表 3.2　MAP 合成原料配比的 $L_9(3^4)$ 正交实验与结果

编号	M_1	M_2	M_3	M_4	净浆流动度/mm
1	1	1	1	1	210
2	1	2	2	2	185
3	1	3	3	3	130
4	2	1	2	3	250

续表

编号	M_1	M_2	M_3	M_4	净浆流动度/mm
5	2	2	3	1	195
6	2	3	1	2	150
7	3	1	3	2	190
8	3	2	1	3	145
9	3	3	2	1	200
K_1	525	650	505	605	
K_2	595	525	635	525	
K_3	535	480	515	525	
R	70	170	130	80	

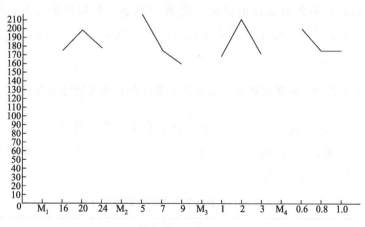

图 3.1　MAP 合成原料配比的 $L_9(3^4)$ 正交实验分析

由表 3.2、图 3.1 可看出，在 M_1、M_2、M_3、M_4 四种因素中，对净浆流动度影响从大到小排列顺序为：$M_2 > M_3 > M_4 > M_1$。M_2（马来酸酐）的加入量越少产物的性能越好，这是由于马来酸酐的竞聚率相对较小，难以进入共聚物的结构中，

—COO¯ 在分子结构中分布不均匀，降低了产物的分散保塑性。M_2 的极差最大，对净浆流动度影响最大，因此，应取最小值 M_{21}。M_3 存在一个最大值 M_{32}，过多过少对产物的性能均不利，这是因为 M_3（丙烯酸）易自聚，当加量大时，共聚物结构中丙烯酸单体易聚集在一起，影响共聚物分子结构中官能团的分布；加入量少时，不能形成一定量的自由基，影响链的增长。M_4（甲基丙烯磺酸钠）加入量越少越好，且极差小，因此，可取 M_{41}。M_1（乙烯基聚醚）也存在一个最大值 M_{12}，这是由于乙烯基聚醚在共聚物分子中构成支链，使分子呈梳型结构，在水泥颗粒表面齿式吸附。而且 $\left(\text{O—CH}_2\text{—CH}_2\right)_n$ 易和水形成强烈的氢键，形成一层溶剂化水膜，具有较大的立体效应。加入量大时，分子立体结构大，有效成分降低，分散流动性差；加入量少时，生成的共聚物对水泥的空间位阻效应减小，保塑性能变差。因此，应取 M_{12}。综上所述，反应的配比优化条件为：M_{12}、M_{21}、M_{32}、M_{41}。

3.2.2.2　MAP 高效塑化剂合成工艺条件的正交实验结果与分析

本书在配比一定的条件下设计了有关工艺条件的 $L_9(3^4)$ 实验，见表 3.3，结果见表 3.4 和图 3.2。在表 3.4 中 K、R 的计算方法同 2.2.2.1 节。

表 3.3　MAP 合成工艺条件的因素与位级

水平	因素			
	引发剂质量 m/g	温度 $T/℃$	时间 t/h	浓度 $c/\%$
1	0.5	60	1.5	25
2	1.0	70	2.0	35
3	1.5	80	2.5	45

表 3.4 MAP 合成工艺条件的 $L_9(3^4)$ 正交实验与结果

编号	m	T	t	c	净浆流动度/mm
1	1	1	1	1	75
2	1	2	2	2	105
3	1	3	3	3	60
4	2	1	2	3	135
5	2	2	3	1	265
6	2	3	1	2	270
7	3	1	3	2	250
8	3	2	1	3	95
9	3	3	2	1	270
K_1	240	460	440	610	
K_2	670	465	510	625	
K_3	615	600	575	290	
R	430	65	135	335	

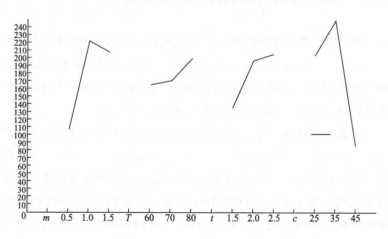

图 3.2 MAP 合成工艺的 $L_9(3^4)$ 正交实验分析

表 3.4、图 3.2 表明，在 m、T、t、c 四种因素中，对净浆流动度影响程度不同，从大到小排列顺序为：$m > c > t > T$，即引发剂的影响最大，以下依次为浓度、时间和温度。引发剂存在一个最大值 m_2 且其极差最大，也就是引发剂适当的加入量对反应特别重要，这是因为引发剂的多少决定共聚物的分子量的大小。引发剂多，共聚物分子量小；引发剂少，共聚物分子量大。而共聚物的分散保塑性与分子量密切相关，只有共聚物的分子量适当，才对水泥有良好的分散保塑性，所以，应取 m_2。浓度也有一个最佳值，也就是为 35% 时最好，这可能是浓度过高或过低，合成的产物分子结构中，亲水基团和憎水基团分布不均匀，分散性能变差。反应温度和时间也是影响该反应的两个因素，随着温度的升高，时间的增长，产物的净浆流动度增大。但由于它们的极差小，对反应影响不大，不再升高温度和延长时间，分别取 T_3 和 t_3。因此，可以初步优化出反应的工艺条件为 m_2、T_3、t_3、c_2。

3.3 MAP 高效塑化剂红外光谱表征

将 MAP 高效塑化剂用 1-戊醇提纯后，在 GW-03 型台式干燥箱内烘干，用 KBr 压片；乙烯基聚醚、马来酸酐、甲基丙烯磺酸钠用 KBr 压片，丙烯酸液体直接测定。利用 Bio-Rad FIS 165 型红外光谱仪（美国）测得红外光谱如图 3.3～图 3.7。

参阅相关资料，各种原料及 MAP 的特征吸收峰分析如下：比较图 3.3～图 3.6 可以看出，在 $2872 \sim 3127 \mathrm{cm}^{-1}$ 都有 C—H 伸缩振动峰，$1645 \mathrm{cm}^{-1}$ 左右也有吸收峰，是双键的特征吸收峰，表明存在双键。图 3.3 中，$1702.3 \mathrm{cm}^{-1}$ 是—COOH 中 C =O 伸缩振动特征峰，$3374.8 \mathrm{cm}^{-1}$、$1436.1 \mathrm{cm}^{-1}$ 处则分别是—OH 的伸缩和弯曲振动峰。图 3.4 中，$1117.8 \mathrm{cm}^{-1}$ 是乙烯基聚醚 C—O—C 的伸

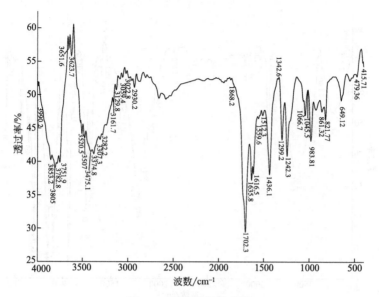

图 3.3　丙烯酸红外光谱

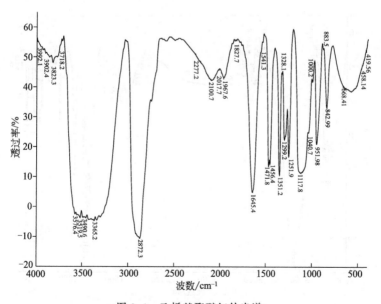

图 3.4　乙烯基聚醚红外光谱

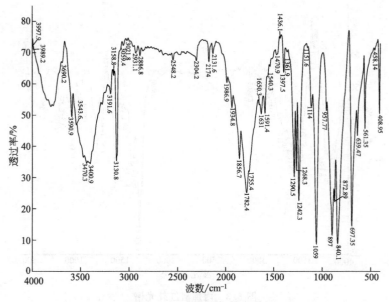

图 3.5　马来酸酐红外光谱

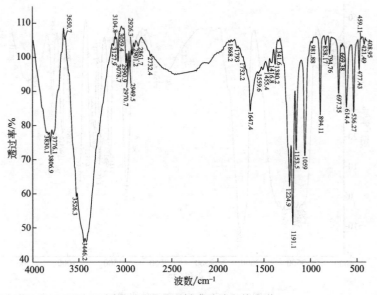

图 3.6　甲基丙烯磺酸钠红外光谱

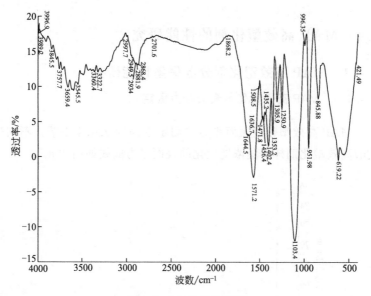

图 3.7　MAP 红外光谱

缩振动。图 3.5 表明，1782.4cm^{-1}、1856.7cm^{-1} 有 C＝O 的特征吸收峰，1242.3cm^{-1} 处存在吸收峰，说明是 C—O—C 中 C—O 的伸缩振动。在图 3.6 中，1059cm^{-1} 是 S＝O 伸缩振动，1191.1cm^{-1} 是—SO$_2$—O—的吸收峰，二者表明—SO$_3^-$ 的存在。图 3.7 与图 3.3～图 3.6 相比较，在 2881cm^{-1}、2949cm^{-1} 存在吸收峰，是 C—H 的伸缩振动。1645cm^{-1} 无明显特征吸收峰，说明在 MAP 中不存在双键。1103.4cm^{-1} 存在特别强的吸收峰，是—SO$_3^-$、聚醚基的伸缩振动峰的叠加，证明含有—SO$_3^-$、聚醚基链。由于 MAP 在反应后被中和变为羧酸盐，根据相关资料，在 1571cm^{-1}、1402cm^{-1} 处存在非常强的吸收峰，是—COO$^-$ 的特征吸收峰，而在图 3.3，图 3.5 中不存在。因此，由以上分析可以看出，在聚合物 MAP 中，含有—SO$_3^-$、—COO$^-$ 以及聚醚侧链。

3.4 MAP 高效塑化剂的性能研究

3.4.1 MAP 高效塑化剂分散保塑性能研究

3.4.1.1 MAP 高效塑化剂表面张力测定

MAP 高效塑化剂表面张力的测定方法同 2.4.1.1 节，不同聚羧酸高效塑化剂样品随浓度变化的表面张力曲线如图 3.8。

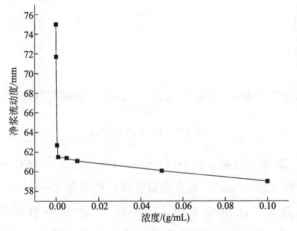

图 3.8　表面张力随浓度变化曲线

由图 3.8 可看出，MAP 塑化剂和 ASP 塑化剂一样，能显著地降低水的表面张力。但由于 MAP 塑化剂的分子结构含有长的侧链以及分子量大小不同，对水的表面张力降低的程度不同，对水泥的作用效果同 ASP 高效塑化剂一样，也将会有很大的区别。

3.4.1.2 MAP 高效塑化剂合成条件对分散保塑性能的影响

（1）滴加量对分散保塑性能影响

滴加量对分散保塑性能影响如图 3.9 所示。

高效塑化剂分子结构决定其性能优劣，而共聚物的分子结构主

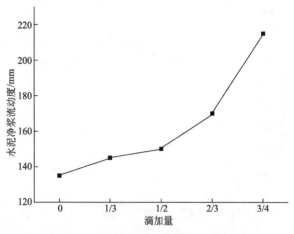

图 3.9 滴加量对分散保塑性能的影响

要由共聚单体的竞聚率和单体的活性决定。在共聚反应中，竞聚率大的单体在共聚物结构中排列密集，竞聚率小的单体难以进入共聚物的分子结构中。为了合成目标分子结构的共聚物，可按照分子设计的原则，控制反应的工艺条件，本书合成的 MAP 高效塑化剂，是通过滴加方式改变不同竞聚率的单体在分子中的分布。由图 3.9 可看出，滴加的混合单体量不同，合成的共聚物的性能显著不同。随着滴加量的增加，塑化剂对水泥净浆流动度明显增大。一次加入时，2h 的净浆流动度仅约为 135mm，而滴加的混合单体量的加入量是整个反应所需单体量的 3/4 时，2h 净浆流动度则约为 220mm。因此，合理地改变加入方式，可改变共聚物的分子结构和官能团的分布，使合成的产物具有所需要的分子结构。

（2）反应时间对分散保塑性能影响

反应时间对分散保塑性能影响见图 3.10。

从图 3.10 可以看出，随着共聚反应时间的延长，塑化剂的水泥净浆流动度增大，当反应时间到达 5h 时，水泥净浆流动度最大。超过 5h 后，水泥净浆流动度开始下降。在 5h 时合成产品对水泥的分散作用最好，其原因同 ASP 高效塑化剂解释相同。

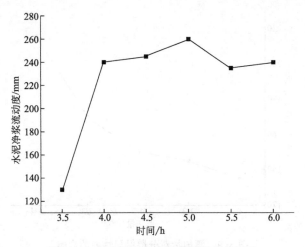

图 3.10 反应时间对分散保塑性能的影响

3.4.1.3 MAP 高效塑化剂分子量与分散保塑性能

（1）MAP 高效塑化剂分子量

运用黏度法测定聚羧酸高效塑化剂分子量，测定与计算方法同 2.4.1.3 节，测定结果见表 3.5，外推法求得不同反应时间 MAP 的 $[\eta]$ 见图 3.11～图 3.14。

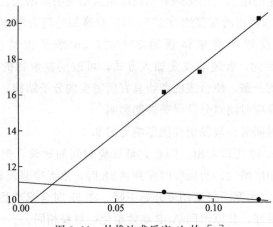

图 3.11 外推法求反应 4h 的 $[\eta]$

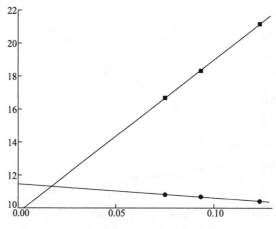

图 3.12 外推法求反应 4.5h 的 $[\eta]$

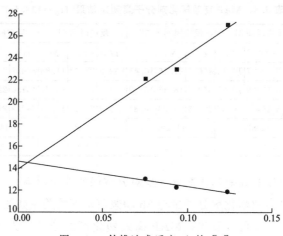

图 3.13 外推法求反应 5h 的 $[\eta]$

由表 3.5 可看出，随着时间的延长，分子量逐渐增大并趋于平衡。原因是在反应的初期，由于引发剂的量大，生成的自由基多，聚合物分子量小。在 4.5～5h 反应时间内，分子量增加的幅度大，这说明反应在这一时间内链增长得快。超过 5h 后分子量增加不大，这是由于引发剂在反应体系中残留量减少，很难或不能引发生成自由基。

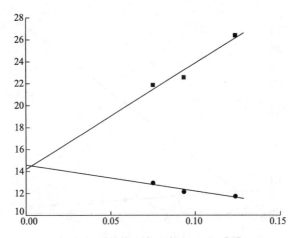

图 3.14　外推法求反应 5.5h 的 [η]

表 3.5　MAP 高效塑化剂分子量测定结果（$t_0 = 129.1$s）

浓度	反应时间 4h			反应时间 4.5h			反应时间 5h			反应时间 5.5h		
/%	$\bar{t}$/s	y_1	y_2	$\bar{t}$/s	y_1	y_2	$\bar{t}$/s	y_1	y_2	$\bar{t}$/s	y_1	y_2
12.35	452.2	20.27	10.15	466.4	21.16	10.41	559.8	27.02	11.88	550.2	26.41	11.74
9.33	337.4	17.29	10.29	349.7	18.32	10.69	405.9	22.98	12.27	401.0	22.57	12.14
7.50	285.5	16.15	10.57	290.6	16.68	10.81	343.3	22.13	13.04	340.9	21.88	12.95
[η]	10.984			11.292			14.486			14.502		
M	11243.8			11639.3			15890.9			16012.8		

（2）MAP 高效塑化剂分子量对分散保塑性能影响

MAP 高效塑化剂分子量与 2h 净浆流动度的关系如图 3.15。

从图 3.15 可以看出，MAP 高效塑化剂的分子量为 11243.8，水泥的净浆流动度只有约 130mm，分散性能较差；分子量为 15890.9 时，净浆流动度达到约 245mm；而分子量为 16012.8 时，净浆流动度降为约 220mm。这是因为 MAP 塑化剂分子量较小时，分子中含有的—COO⁻ 和—SO₃⁻ 的比例小，分散能力差。分子量大时，MAP 上含有的侧链多，立体位阻大，保塑性好。而且侧链上的聚醚和水形成氢键，形成一层水溶性膜，阻止水泥颗粒间的凝

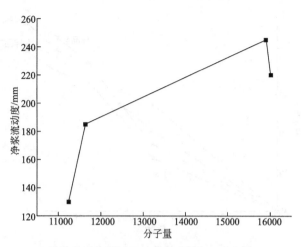

图 3.15　MAP 分子量与 2h 净浆流动度的关系

聚。同时，分子量大，单个分子电荷数增多，分散性更好。但分子量太大，由于分子支链过多，影响了 MAP 高效塑化剂在水泥颗粒表面的吸附，性能变差。

3.4.1.4　MAP 高效塑化剂掺量与初始净浆减水率的关系

MAP 初始减水率的测定与计算方法同 2.4.1.4 节，测定结果见图 3.16。由图 3.16 可以看出，MAP 高效塑化剂掺量大，减水率高。

3.4.1.5　MAP 高效塑化剂掺量对分散保塑性能的影响

根据不同 MAP 高效塑化剂掺量（本书中无特别说明，掺量均指高效塑化剂质量与水泥质量的比例），测得 2h 水泥净浆流动度，结果见图 3.17。

从图 3.17 可以看出，净浆流动度随高效塑化剂掺量的增加而增大。掺量大于 0.23％时水泥的净浆流动度变化不大，趋于平衡。

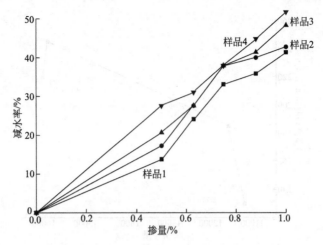

图 3.16　MAP 掺量与初始减水率的关系

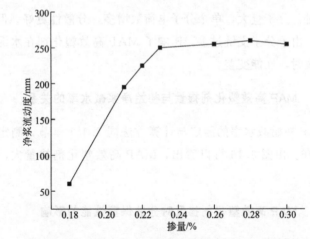

图 3.17　MAP 2h 净浆流动度随掺量的变化曲线

3.4.1.6　MAP 高效塑化剂在不同温度和不同掺量时的净浆流动度经时变化

（1）0℃时，MAP 不同掺量的净浆流动度经时变化

MAP 不同掺量的净浆流动度经时变化如图 3.18～图 3.20 所示。

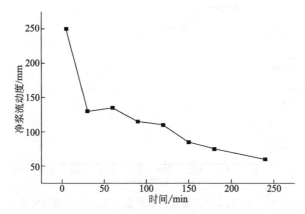

图 3.18　0℃时 MAP 掺量为水泥量 0.20％的净浆经时变化

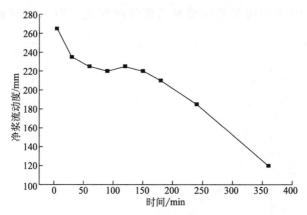

图 3.19　0℃时 MAP 掺量为水泥量 0.27％的净浆经时变化

图 3.18～图 3.20 表明，0℃时，MAP 高效塑化剂掺量为 0.20％，经时损失变化特别大，基本没有保塑性；掺量为 0.27％，3h 内能够保持净浆流动度在 220mm 左右波动；当掺量达到 0.33％时，3h 内的经时损失不大，MAP 高效塑化剂具有一定的保塑性。

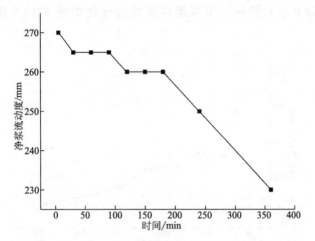

图 3.20 0℃时 MAP 掺量为水泥量 0.33％的净浆经时变化

（2）15℃时，MAP 不同掺量的净浆流动度的经时变化

MAP 不同掺量的净浆流动度经时变化如图 3.21～图 3.23 所示。

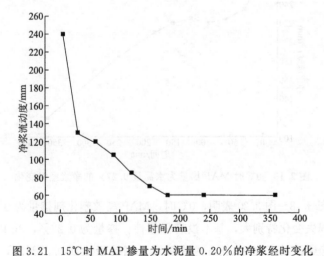

图 3.21 15℃时 MAP 掺量为水泥量 0.20％的净浆经时变化

比较图 3.21～图 3.23 可以看出，随着温度升高，在相同

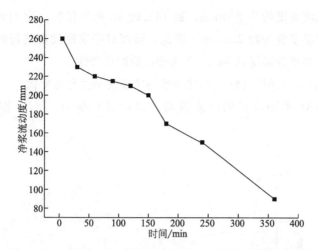

图 3.22 15℃时 MAP 掺量为水泥量 0.27%的净浆经时变化

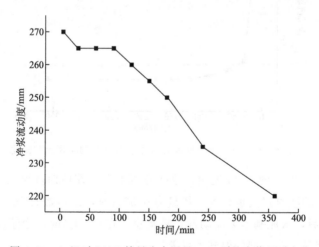

图 3.23 15℃时 MAP 掺量为水泥量 0.33%的净浆经时变化

的时间内，能够保持塑化性的净浆流动度值逐渐减小。掺量
0.27%、0℃时，2.5h 能够保持一定塑性的净浆流动度约为
220mm，而同样掺量、15℃时，2.5h 能够保持一定塑性的净浆流
动度变为约 200mm；掺量 0.33%、0℃时，3h 能够保持一定塑性

的净浆流动度约为 260mm，而 15℃时 3h 能够保持一定塑化性的净浆流动度变为约 250mm。因此，温度对净浆流动度的经时损失较大，温度升高降低 MAP 高效塑化剂的保塑性。

（3）30℃时，MAP 不同掺量的净浆流动度经时变化

MAP 不同掺量的净浆流动度经时变化如图 3.24～图 3.26所示。

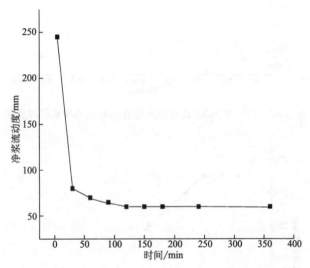

图 3.24　30℃时 MAP 掺量为水泥量 0.20％的净浆经时变化

图 3.24～图 3.26 说明：温度为 30℃时，即使掺量较大，净浆流动度的经时损失也较大，掺量为 0.33％时，由初始的 260mm 经过 6h 后，水泥基本无流动性。掺量小，在 0.20％时，净浆流动度急剧降低，塑化剂的保塑性极差。

（4）40℃时，MAP 不同掺量的净浆流动度经时变化

MAP 不同掺量的净浆流动度经时变化如图 3.27～图 3.29所示。

从图 3.24～图 3.29 可以看出，温度在 40℃时的净浆流动度经时损失比 30℃时的更大。即使掺量在 0.27％时，净浆流动度也急

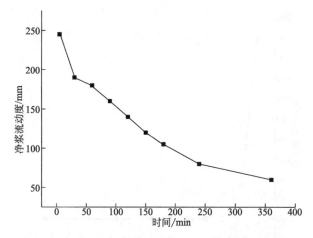

图 3.25 30℃时 MAP 掺量为水泥量 0.27％的净浆经时变化

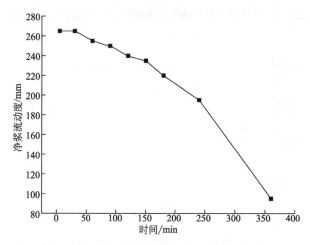

图 3.26 30℃时 MAP 掺量为水泥量 0.33％的净浆经时变化

剧下降。另外，可以看到 40℃时，掺量为 0.33％塑化剂对水泥的作用效果与 30℃时掺量为 0.27％的作用效果相当。

综合图 3.18～图 3.29 可以看出：MAP 高效塑化剂的掺量和使用温度也显著地影响它对水泥的作用。在温度低时，使用 MAP

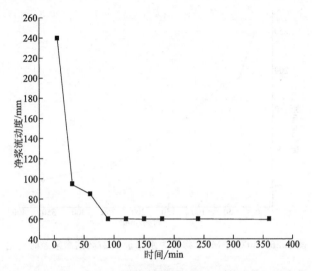

图 3.27 40℃时 MAP 掺量为水泥量 0.20％的净浆经时变化

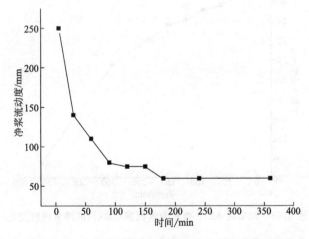

图 3.28 40℃时 MAP 掺量为水泥量 0.27％的净浆经时变化

高效塑化剂保塑效果相对较好；温度高时，MAP 高效塑化剂对水泥的保塑性差，水泥净浆流动度的经时损失大。MAP 高效塑化剂的掺量大小对水泥作用的原因与 ASP 高效塑化剂解释相同。

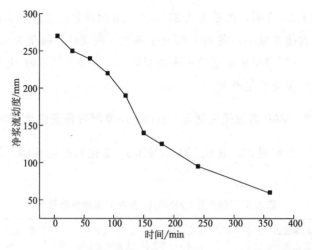

图 3.29 40℃时 MAP 掺量为水泥量 0.33％的净浆经时变化

3.4.1.7 掺量和温度影响 MAP 高效塑化剂 2h 时分散保塑性能

MAP 高效塑化剂在不同掺量和不同温度条件下，2h 时分散保塑性能的变化曲线如图 3.30 所示。

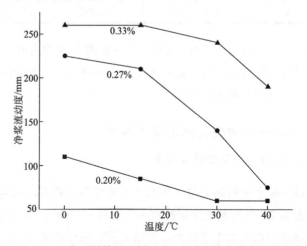

图 3.30 MAP 在不同掺量不同温度 2h 时净浆流动度的变化曲线

图 3.30 表明，掺量为 0.27% 时，2h 时净浆流动度随着温度的升高而大幅度减小，在 40℃ 时几乎丧失了流动性。掺量为 0.33%，温度对 2h 时净浆流动度的影响相对较小，在 0～30℃ 内 2h 时净浆流动度随温度变化不大。

3.4.1.8 MAP 高效塑化剂与 $Ca(NO_3)_2$ 复配对保塑性能影响

用宝山水泥 32.5R 进行 $Ca(NO_3)_2$ 变化的影响实验，结果见表 3.6。

表 3.6 MAP 与 $Ca(NO_3)_2$ 复配对保塑性能影响

MAP 掺量占水泥量比例/%	Ca^{2+} 物质的量 /mol	Ca^{2+} 占水泥量比例/%	2h 净浆流动度 /mm
0.56	0	0	95
0.56	5.3×10^{-4}	0.0071	170
0.56	5.3×10^{-3}	0.071	180
0.56	1.06×10^{-2}	0.141	190
0.56	1.59×10^{-2}	0.212	225
0.56	2.1×10^{-2}	0.282	195

由表 3.6 中数据可看出，Ca^{2+} 在一定浓度范围内有利于保塑性能的提高，但浓度大到一定程度时则会促进凝结，时间短则增塑效果明显，时间长则聚沉增加。

3.4.2 MAP 高效塑化剂混凝土性能

3.4.2.1 混凝土性能结果与讨论

混凝土减水率的测定与 2.4.2.1 节测定和计算方法相同，测定结果见表 3.7。含气量的测定按照 GB 8076—2008 中方法测定，坍落度的测定与 2.4.2.1 节的测定方法相同，结果见表 3.8。

表 3.7　MAP 混凝土减水率与含气量测定结果

掺量/%	初始坍落度/cm	引气量/%	减水率/%
0	8.0	1.8	—
0.6	7.0	3.8	15.0
0.8	8.5	4.0	26.5
1.0	7.5	4.5	30.5
1.5	7.0	5.0	39.0
2.2	8.0	5.7	47.5

注：所用水泥为宝山 P·O32.5R；配合比为 C：S：G：F=1：2.36：3.39：0.24。

表 3.7 表明：在坍落度为 7.5cm 左右时，随着 MAP 塑化剂掺量的增加，混凝土减水率明显增加。掺量为 2.2% 时，减水率高达 47.5%。但伴随着掺量的增大，混凝土的引气量也增加，掺量为 2.2% 时，引气量高达 5.7%，这对混凝土的强度影响大。

表 3.8　MAP 混凝土性能测定结果

掺量/%	水灰比	初始坍落度/cm	含气量/%	强度/MPa		
				3d	7d	28d
0	0.56	7.5	1.8	15.9	25.6	35.7
0.8	0.4	8.0	4.0	22.2	35.3	42.4
1.0	0.37	8.0	4.5	23.9	39.4	48.7
1.5	0.36	7.0	5.0	19.0	30.8	39.0

注：配合比为 C：S：G=1：2.18：3.41。

表 3.8 表明，掺 MAP 高效塑化剂能提高强度。其主要原因是：一方面，MAP 高效塑化剂能分散搅拌和物中的水泥，降低水灰比，从而降低硬化水泥浆体的孔隙率；另一方面，能改善水泥的水化程度，使硬化混凝土的密实性增加。但塑化剂是一把"双刃剑"，只有掺加量适当，才能使混凝土的强度最大。掺加过量反而会降低

混凝土各龄期的强度，这主要是因为掺入过量的塑化剂，将会提高混凝土的含气量，降低强度。如表 3.8，掺量为 1.0% 时，28d 混凝土的强度为 48.7MPa，提高 38%。而掺量为 1.5% 时，含气量达 5%，28d 混凝土的强度仅为 39.0MPa。

3.4.2.2 MAP 高效塑化剂对混凝土钢筋锈蚀影响

将掺有 MAP 树脂的砂浆做钢筋锈蚀试验，以阳极极化值为纵坐标，时间为横坐标，绘制阳极极化电位-时间曲线见图 3.31。

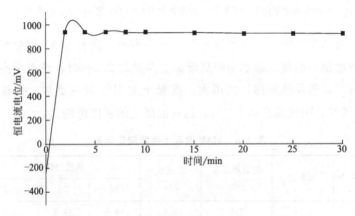

图 3.31　掺入 MAP 的硬化砂浆电位-时间曲线

图 3.31 表明，钢筋锈蚀结果显示无影响。

3.5　MAP 高效塑化剂应用技术研究

大量的实验表明，MAP 高效塑化剂和低色度磺化丙酮甲醛缩合物（以下简称 LC-SAF）具有良好的协同效应。这可能是因为 LC-SAF 分子中—SO_3^- 的含量相对较多，MAP 高效塑化剂分子中含有长的侧链，具有较大的立体效应。实验证明，MAP 与 LC-SAF 按 1∶2 复配，效果最好。

3.5.1　MAP 高效塑化剂与 LC-SAF 塑化剂配后泵送混凝土的工作性

MAP 与 LC-SAF 按 1∶2 复配后用于泵送混凝土的工作性见表 3.9。

表 3.9　MAP 与 LC-SAF 按 1∶2 复配后泵送混凝土的坍落度经时损失

掺量/%	初始坍落度/cm	0.5h 坍落度/cm	1h 坍落度/cm	水灰比
0	6.5	6.0	6.0	0.482
0.8	21.5	15.0	7.0	0.468
1.0	21.0	18.0	14.5	0.480
1.2	22.0	21.5	19.5	0.472
1.5	23.0	23.0	22.0	0.480

注：配合比为 C∶S∶G=1∶1.96∶2.60。

表 3.9 表明，在水灰比基本相同的情况下，掺加 MAP 塑化剂的量越多，坍落度损失越小。在掺量为 1.0%～1.2%时，具有良好的工作性。其原因同 ASP 复配后泵送混凝土工作性的解释一致。

3.5.2　MAP 高效塑化剂与 LC-SAF 塑化剂复配后混凝土性能

MAP 与 LC-SAF 按 1∶2 复配后混凝土的性能见表 3.10。

表 3.10　MAP 与 LC-SAF 按 1∶2 复配后混凝土的性能的测定结果

掺量/%	水灰比	1h 坍落度/cm	含气量/%	减水率/%	强度/MPa		
					3d	7d	28d
0	0.58	18.5	1.9	0	7.3	11.7	18.4
1.0	0.46	19.0	2.8	22	12.0	23.8	31.5
1.3	0.45	18.5	3.0	23	12.1	22.0	32.4
1.5	0.42	19.5	3.5	27.8	12.7	23.4	34.3
1.7	0.41	19.0	3.7	29.5	10.3	19.1	27.7
2.0	0.40	18.5	4.0	30.8	9.3	18.2	26.7

注：水泥为宝山水泥 32.5R；配合比为 C∶S∶G=1∶2.09∶2.66。

由表 3.10 可看出，复配后混凝土的性能明显改善，随着掺量的增加，各龄期混凝土的强度比基准的抗压强度都有所提高。这主要是因为 MAP 和 LC-SAF 的复配，一方面充分发挥二者的各官能团的协同效应和立体作用，增加了分散和保塑作用；另一方面，二者复配后，引气量相对减少，混凝土的密实性增加，强度增强。但掺量过大，引气量随之增大，混凝土的密实性又减小，强度降低。

3.6 MAP 高效塑化剂性价比的比较

3.6.1 MAP 高效塑化剂与 FDN 塑化剂的净浆临界保塑掺量及其性价比

分别实验 MAP 与 FDN 的净浆临界保塑掺量，并计算性价比，结果见表 3.11。

表 3.11 MAP 与 FDN 临界保塑掺量及性价比的实验结果

掺量/g		经时流动度/mm			保塑掺量(占水泥量比例)/%	成本/(元/t)	保塑成本/(元/t)
		1h	2h	3h			
FDN（粉体）	1.58	135	135	120	0.67	3530	23.7
	2.01	250	250	135			
	1.98	265	255	250			
MAP（液体）	0.5	185	105	65	0.33	6000	19.8
	0.8	270	235	210			
	1.0	265	250	245			

注：配合比为 C∶S∶G=1∶1.95∶2.69。

由表 3.11 可知，MAP 的性价比 FDN 高 18.8%。

3.6.2 MAP 高效塑化剂与 LC-SAF 塑化剂复配后的净浆临界保塑掺量及性价比

将 MAP 与 LC-SAF 按不同比例复配，测得临界保塑掺量，计算性价比，结果见表 3.12。

由表 3.12 中的结果可以看出，随着 LC-SAF 的比例增大，复配后的塑化剂性能逐渐降低，MAP 与 LC-SAF 复配时具有最好协同效应的比例为 1：2，因为此时的保塑成本只有 22.2 元/t，按其他比例复配时的保塑成本都较高。

3.6.3 MAP 高效塑化剂与 LC-SAF 塑化剂复配后做泵送剂性价比的比较

根据表 3.12 净浆复配结果，配制相应的混凝土泵送剂，其混凝土的性价比结果见表 3.13。

表 3.12　MAP 与 LC-SAF 复配后临界保塑掺量及性价比的实验结果

MAP 与 LC-SAF 比例	掺量 /(mL/300g 水泥)	2h 净浆流动度 /mm	保塑生产成本 /(元/t)
1：1	1.0	105	—
	1.2	185	—
	1.5	220	—
	1.7	240	22.6
	2.0	255	26.6
1：2	1.0	60	—
	1.2	115	—
	1.5	235	16.6
	1.7	235	18.9
	2.0	250	22.2

MAP 与 LC-SAF 比例	掺量 /(mL/300g 水泥)	2h 净浆流动度 /mm	保塑生产成本 /(元/t)
1∶3	1.0	60	—
	1.2	60	—
	1.5	100	—
	1.7	167	—
	2.0	220	—
	2.5	235	25.0
	2.7	255	27.0
1∶4	1.0	60	—
	1.2	60	—
	1.5	60	—
	1.7	120	—
	2.0	165	—
	3.0	205	—
	3.5	245	32.7

注：所用水泥是宝山水泥 32.5R；MAP 生产成本 6000 元/t，LC-SAF 2000 元/t，$c = 35\%$，$\rho = 1.12\text{g/L}$。

表 3.13 MAP 与 LC-SAF 复配后作泵送剂混凝土的性价比结果

产品	掺量/%	1h 坍落度 /cm	强度/MPa			保塑成本/(元/t)
			3d	7d	28d	
FDN（粉体）	1.14	20	15.2	29.5	38.0	40.2
MAP（复配）	1.00	19.5	12.5	29.3	42.2	33.3

注：配合比为 C∶S∶G∶F=1∶1.56∶2.33∶0.58。

表 3.13 说明，用 MAP（复配）配制的泵送剂达到相同性能时，其性价比为 1∶0.83，成本可降低 17%。

按比例将乙烯基聚醚、马来酸酐加入反应釜中，加热溶解。将过硫酸钾溶解，分别滴加丙烯酸和过硫酸钾溶液，加热升温、搅拌，控制反应时间。反应完毕后，冷却出料，进行产品质量检测。其生产工艺流程见图 3.32。

图 3.32 MAP 高效塑化剂生产工艺流程

3.7 MAP 高效塑化剂作用机理的探讨

MAP 高效塑化剂分子中含有—COO^-、—SO_3^- 等极性基团，具有强的亲水性。同时，$\{O—CH_2—CH_2\}_n$ 形成侧链分布在主链上，整个分子结构呈梳形。MAP 塑化剂对水泥的塑化性能主要是其典型的梳形分子结构和其在水泥颗粒表面齿形吸附决定的。当塑化剂溶于水后形成有机离子和水化水泥颗粒间通过静电作用吸附在水泥颗粒表面。按照 DLVO 理论，形成一层厚的双电子层结构，水泥颗粒表面电位能增加，电能升高，由于相同电荷的排斥作用，水泥粒子不断地处于被分散状态。同时 $\{O—CH_2—CH_2\}_n$ 中的氧原子易和水分子形成强烈的氢键，形成立体保护膜，符合空间位阻理论，覆盖在水泥颗粒周围。在一段时间内阻碍或破坏了水泥粒子的凝聚作用，使水泥粒子处于良好的分散状态。MAP 高效塑化剂吸附在水泥粒子表面，降低了其表面张力，同时形成了一层溶剂化水膜，减少了水泥颗粒的摩擦。因此，增加了水泥润滑和润湿作用，降低水泥颗粒表面自由能，也有利于水泥颗粒的分散。塑化剂通过吸附、分散、润湿和润滑使水泥颗粒分散均匀，絮凝颗粒间的水被游离出来，减少了拌和物用水量，改善了混凝土的和易性。由于塑化剂的加入，使用水量减少，水灰比降低，因此，显著提高了混凝土的强度，同时水泥颗粒被分散的比较均匀，混凝土的密实性增加，强度增强。

3.8 小结

（1）MAP 合成原料的配合比和工艺条件的选择是合成性能优良塑化剂的关键。MAP 塑化剂的初步优化的配比为乙烯基聚醚（M_1）：马来酸酐（M_2）：丙烯酸（M_3）：甲基丙烯磺酸钠（M_4）＝20：5：2：0.6；工艺条件为过硫酸钾质量——1.0g，温度 T——80℃，时间 t——2h，浓度 c——35％。

（2）MAP 红外光谱表征分子中含有—SO_3^-、—COO^-、聚醚侧链。MAP 高效塑化剂表面张力、分子量、掺量对水泥的 2h 净浆流动度、净浆经时损失、净浆减水率和混凝土的减水率、强度有着深刻的影响。MAP 高效塑化剂能降低水的表面张力，具有一定的表面活性；采用滴加方式，滴加量为 3/4，反应时间为 4.5～5h，分子量为 15890 左右时净浆流动度最大，分散保塑最好；MAP 掺量为 0.23％时，达到饱和，2h 净浆流动度趋于平衡；低温时或掺量大时净浆损失最小；掺量大净浆和混凝土的减水率高，混凝土的强度增大。掺量为 2.2％，混凝土减水率高达 47.5％；掺量为 1.0％，28d 混凝土的强度提高 38％。但掺加的量要适当，掺量过量时由于 MAP 引气量增大，强度反而降低。Ca^{2+} 在一定的浓度范围内有保塑作用。MAP 高效塑化剂的掺入对混凝土的钢筋锈蚀无影响。

（3）复配技术可用来克服 MAP 缺点，减少引气量，改善混凝土的工作性，提高强度。

（4）MAP 高效塑化剂性价比高，与 FDN 比较可降低成本 18.8％，MAP 与 LC-SAF 具有良好的协同效应，复配比为 MAP：LC-SAF＝1：2 最好，复配后做泵送剂成本可降低 17％。

—— 第四章 ——

缓释型聚羧酸
高效塑化剂的合成与性能

聚羧酸高效塑化剂在实际工程应用中经常出现坍落度经时损失大，对砂石料适应性差的问题，抑或会出现混凝土泌水、扒底现象，严重影响聚羧酸高效塑化剂的推广和应用。聚羧酸高效塑化剂的性能与其分子结构有关，因此改变聚羧酸高效塑化剂的分子结构，有望解决目前上述聚羧酸高效塑化剂存在的一些问题。

4.1 缓释型聚羧酸高效塑化剂的合成实验

4.1.1 主要实验原材料、仪器

实验所用原材料及仪器见表 4.1 和表 4.2。

表 4.1 实验所用原材料

药品名称	缩写	纯度
甲基烯丙基聚氧乙烯醚	TPEG	工业级
丙烯酸	AA	化学纯
巯基丙酸		化学纯
维生素 C		工业级
过硫酸铵	APS	分析纯
矿渣硅酸盐水泥	P·S·B 32.5	
普通硅酸盐水泥	P·O 32.5	

表 4.2 主要实验仪器

仪器名称	规格型号	生产厂家
电动搅拌器	JJ-1	常州市环宇科学仪器厂
可控调温电热套	KDM	山东鄄城华鲁电热仪器公司
电子天平	YP202N	上海精密科学仪器有限公司

4.1.2　实验方法

4.1.2.1　缓释型聚羧酸高效塑化剂的制备

在聚羧酸高效塑化剂的合成中，通过改变 TPEG、丙烯酸、巯基丙酸、维生素 C、APS 不同比例，调节聚羧酸高效塑化剂分子的主链结构，制备具有不同性能的高效塑化剂。聚羧酸高效塑化剂合成方法为：用电子分析天平称取一定量的聚醚和水，放入四口烧瓶中，用电热套加热、升温，用电动搅拌器搅拌，至温度上升至反应温度，分别滴加丙烯酸、巯基丙酸、维生素 C、过硫酸铵，控制滴加时间和滴加速度，确保同一时间滴加完毕。

4.1.2.2　水泥净浆流动度实验

（1）使用电子分析天平称取水泥 $300g\pm0.5g$，确定水灰比为 0.29。

（2）实验前首先把与水泥接触的所有设备用湿布擦拭一遍。

（3）将高效塑化剂和水共 87g 加入至搅拌机内，再将称量好的水泥倒入拌和锅内，放置于拌和机上进行搅拌。

（4）搅拌时，将搅拌机程序开关调至"慢"状态，开启"手动"操作开关进行搅拌，4min 后取下搅拌锅。

（5）将截锥圆模放置于玻璃板中心，再将锅内的净浆倒入圆模内，与圆模上边缘平行，不得溢出，将多余的净浆用小刀刮去。

（6）将截锥圆模提起，使其中的水泥净浆自然流动。30s 后，进行十字法测量，算出平均值，该值即为水泥净浆流动度。

（7）清理玻璃板及圆模。将搅拌锅内的净浆放置 0.5h 后，再次重复，1h 后再次重复（5）～（7）步骤。最后记录下水泥净浆流动度的初始值、0.5h 值、1h 值。

（8）实验完毕，清洗各个设备仪器。

4.2 缓释型聚羧酸高效塑化剂合成条件优化设计与性能研究

4.2.1 缓释型聚羧酸高效塑化剂合成条件优化

（1）聚合单体配比对聚羧酸高效塑化剂性能影响

以甲基烯丙基聚氧乙烯醚（TPEG）、丙烯酸（AA）为反应单体，通过改变单体之间的配比（TPEG 与 AA 的物质的量比分别为 1∶1.5、1∶2、1∶2.25、1∶2.5、1∶2.75、1∶3、1∶3.5、1∶4 以及 1∶4.5），控制反应温度 40～45℃，滴加时间为 2h，制备不同链长的聚羧酸高效塑化剂。通过水泥净浆流动度实验，测试高效塑化剂的分散性能，实验结果如图 4.1 所示。

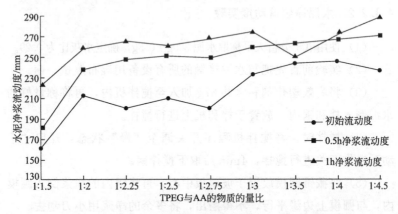

图 4.1　聚合单体不同配比对水泥净浆流动度的影响

从图 4.1 可以看出，随着 AA 用量的增加，水泥初始净浆流动度、0.5h 净浆流动度和 1h 净浆流动度均呈上升趋势。这是由于随着 AA 的增加，越多的强极性阴离子基团羧基接枝到主链上，高效塑化剂分子电荷密度增大，增强了与水泥的吸附，因而增大了聚羧酸高效塑化剂的分散性能。当 n(TPEG)∶n(AA) 为 1∶1.5 时，水泥净浆流动度 1h 的增长率最大达到 39％，但由于初始仅为 160mm，故不选择此物质的量比。随着 AA 的增大，水泥净浆流动度呈现明显增大趋势，主要因为在高效塑化剂分子侧链引入了阴离子基团羧基，高效塑化剂与水泥的吸附得到增强，因此其分散性能增强。当 $n(\text{TPEG})$：$n(\text{AA})$ 为 1：2.75 时，AA 用量约为 8.3g，水泥净浆初始流动度为 200mm，1h 净浆流动度的增长率可达到 35％。随着 AA 的继续增加，初始净浆流动度和 0.5h 流动度增加，1h 净浆流动度增长不大，甚至出现损失。这是由于 AA 含量高的体系中的阴离子基团如羧基电荷密度大，易吸附在水化的水泥颗粒表面，羧基密度减少，从而高效塑化剂的分散性能降低，因此 1h 的流动度会出现损失现象。而当 AA 含量较低时，阴离子羧基电荷密度小，离子强度低，与水化的插层交换少，所以一般不会出现流动度损失现象。因此当 TPEG 与 AA 的物质的量比为 1：2.75 时，初始流动度 200mm，0.5h 净浆流动度 252mm，1h 净浆流动度 270mm，高效塑化剂此条件下性能最优。

（2）巯基丙酸用量对聚羧酸高效塑化剂性能影响

巯基丙酸是一种链转移剂，也称为分子量调节剂，改变链转移剂的量是对聚合物分子量进行控制的最有效方法。链转移反应是单体链端自由基进攻一个含有弱键的分子，如溶剂分子、单体分子、引发剂分子等，夺取其中的一个原子，最后活性链端自由基被终止，而在弱键位置形成一个新的自由基。根据转移后自由基的活性，新的自由基可能继续引发单体聚合，也可能无法继续引发。在聚羧酸高效塑化剂合成过程中加入链转移剂，提高链转移剂掺量，则使高效塑化剂分子聚合度减小。固定 TPEG 与 AA 的物质的量比为 1：2.75，改变巯基丙酸用量分别为 0.25g、0.3g、0.4g、0.5g、0.75g、1.0g，通过水泥净浆流动度实验，实验结果如图 4.2 所示。根据实验结果，可确定最佳巯基丙酸用量。

从图 4.2 可以看出，当巯基丙酸用量在 0.25～1.0g 之间时，

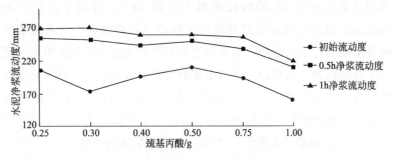

图 4.2　巯基丙酸用量对水泥净浆流动度的影响

水泥净浆流动度随着巯基丙酸用量增大而呈现出逐渐减小的趋势。当巯基丙酸用量为 0.25g，约占单体质量的 0.23% 时，初始净浆流动度为 205mm，0.5h 流动度为 255mm，1h 流动度为 270mm。巯基丙酸用量为 0.5g，约占单体质量的 0.46% 时，初始净浆流动度为 215mm，0.5h 流动度为 260mm，1h 流动度为 265mm。巯基丙酸用量为 1.00g，约占单体质量的 0.92% 时，初始净浆流动度为 170mm，0.5h 流动度为 230mm，1h 流动度为 230mm。这是由于在没有加入链转移剂时，自由基聚合形成的主链太长，当主链越长支链越短时，高效塑化剂对水泥浆体的分散性能越差。当加入过多的巯基丙酸时，由于链转移的作用，主链的自由基更多地与溶剂分子、引发剂分子相结合，从而使分子链变得越短，主链越短，聚羧酸高效塑化剂的空间位阻作用则受到限制，从而影响高效塑化剂对水泥的分散性能。因此考虑到性能和成本两方面的因素，选取巯基丙酸 0.25g 为最佳用量。

（3）维生素 C 用量对聚羧酸高效塑化剂性能影响

维生素 C 作为还原剂在整个聚羧酸高效塑化剂的体系中和氧化剂 APS 共同起到重要作用。由于聚羧酸高效塑化剂聚合过程是在水中进行自由基聚合，而维生素 C 与 APS 共同组合成氧化还原体系，在溶液中氧化剂与还原剂的电子转移所产生的自由基引发自由基聚合。这会降低分解活化能，从而在温度比较低的条件下也可以聚合反应。因此通过改变维生素 C 的用量分别为 0、0.1g、0.2g、0.3g，固定引发剂，合成高效塑化剂，测试高效塑化剂的性能，实验结果如图 4.3 所示。

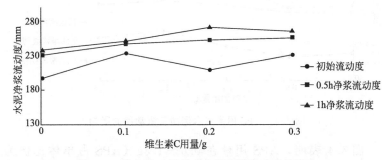

图 4.3　维生素 C 用量对水泥净浆流动度的影响

由图 4.3 可知，维生素 C 的含量在 0～0.3g 之间，对初始水泥净浆流动度和 0.5h 流动度影响不大，总体呈上升趋势。在维生素 C 为 0.2g（占单体量的 0.18%）时，1h 流动度为最高点，此时的 1h 增长率最大，故选择 0.2g 维生素 C 含量为最佳用量。

（4）APS 用量对聚羧酸高效塑化剂性能影响

APS 用量直接决定着聚羧酸高效塑化剂性能的优良。聚羧酸高效塑化剂的分子结构是一种梳形结构，分子链的长短以及其分布会对高效塑化剂性能有着很大的影响。主链聚合度越高其分子量越大，相反主链聚合度越低，聚合物的分子量则越小。当引发剂量较少时，链引发的反应速率比较缓慢，会导致整个聚合反应的速率变慢，甚至只会有一部分单体聚合。同时由于 APS 用量少、主链长度增加、分子量增大，高效塑化剂加入到水泥后将会出现单个分子吸附较多水泥颗粒的现象，形成絮凝状态，影响高效塑化剂的减水效果。若 APS 用量过多，聚合物链长变短，其分子量变小，空间位阻的作用受到限制，因此聚羧酸高效塑化剂性能会变差。改变 APS 的用量分别为 0.6g、0.9g、1.2g、1.5g、1.8g，研究 APS 对高效塑化剂的性能影响，实验结果如图 4.4 所示。

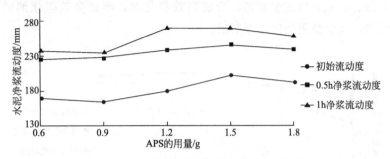

图 4.4　APS 用量对水泥净浆流动度的影响

图 4.4 表明，APS 用量在 0.6～1.8g（APS 占单体比例为 0.55%～1.66%），水泥净浆流动度整体呈现先增大后减小的趋势。当引发剂含量为 1.5g，占单体总质量的 1.4% 时，水泥初始净浆流动度为 202mm，0.5h 流动度为 248mm，1h 流动度为 270mm。故确定 APS 占单体总质量的 1.4% 为最佳 APS 用量。

（5）合成浓度对聚羧酸高效塑化剂性能的影响

反应物不同浓度影响自由基共聚时的聚合速度，因此在聚合过程中，反应物的浓度大小对高效塑化剂性能的影响起到重要作用。通过改变体系中的用水量，可改变整个体系的浓度，分别设计反应浓度为 35%、40%、45%、50%，确定固含量相同，测试水泥净浆流动度，实验结果如图 4.5 所示。

从图 4.5 可以看出，当高效塑化剂的浓度在 35%～50% 之间时，确保相同固含量，水泥净浆流动出呈现逐渐增大的趋势。在聚合浓度为 50% 时，水泥初始净浆流动度为 210mm，0.5h 流动度为 240mm，1h 流动度为 266mm，此时减水性能最佳同时保坍性能好，无损失。主要原因可能是，浓度的大小决定着主链的长短，从而决定高效塑化剂的性能。随着合成浓度升高，聚合速率会加快，聚合反应诱导期变短，聚合物聚合程度增大同时黏度变大，分子量增加。

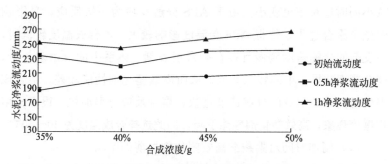

图 4.5　合成浓度对水泥净浆流动度的影响

（6）合成温度对聚羧酸高效塑化剂性能影响

聚羧酸高效塑化剂的合成基于自由基共聚原理。温度高低直接影响自由基聚合反应速率，因此研究温度高低对高效塑化剂性能的影响有重要的意义。分别控制反应温度为 30～40℃、40～50℃、50～60℃、60～70℃，合成聚羧酸高效塑化剂，测试水泥净浆流动度，实验结果如图 4.6 所示。

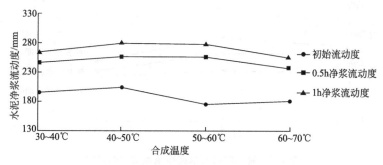

图 4.6　温度对水泥净浆流动度的影响

由图 4.6 可知，当聚合温度在 30～70℃之间，净浆流动度呈现先增大后减小的趋势。温度较低，初始流动度较小，增长率较低，分散性能一般；温度在 40～50℃时，净浆流动度曲线为最高点，此时高效塑化剂的性能最优，初始、0.5h、1h 流动度分别为205mm、257mm、280mm。随着合成温度继续增加，流动度逐渐减小同时增长率也变小。由于 APS 分解反应为一级反应，且影响着整个聚合过程，使得 APS 受温度影响较大。当合成温度较低时，引发剂的分解速度缓慢且存在剩余引发剂，体系中的自由基较少，聚合速率减慢，单体转化率低，从而高效塑化剂性能较差。当合成温度过高时，APS 的分解速度过快，聚合反应速率加快，很容易出现爆聚现象，高效塑化剂性能下降。因此选择合成温度为 40~50℃。

（7）滴加时间对聚羧酸高效塑化剂性能的影响

各反应物的滴加时间，也决定聚羧酸高效塑化剂的结构，因此对其性能有重要影响。控制滴定时间对聚合反应是否均匀，具有关键作用。主要机理是，滴加时间较短，部分单体没有反应完全，单体转化率低，产品性能受到影响。滴加时间长，反应体系中的自由基浓度会越来越少，单体转化率并不高，同时体系中还会有一些其他的反应，从而引起高效塑化剂的性能降低。分别设计滴加时间为 1h、2h、3h，测试水泥净浆流动度，实验结果如图 4.7 所示。

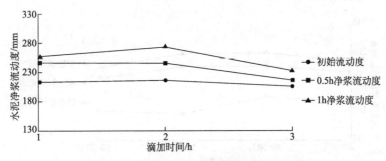

图 4.7　滴加时间对水泥净浆流动度的影响

从图 4.7 可以看出，滴加时间 1h，聚羧酸高效塑化剂的初始流动度为 212mm，1h 的流动度为 255mm，增长率约为 20%。滴加时间 2h，初始流动度 216mm，1h 的净浆流动度为 275mm，增长率约 27.3%，性能较好，会出现少许泌水现象。滴加时间继续增大，初始、0.5h、1h 净浆流动度均减小，高效塑化剂性能降低。

综上所述，具有良好保塑性能的聚羧酸高效塑化剂的合成条件为：$n(\text{TPEG}):n(\text{AA})=1:2.75$，巯基丙酸用量占单体质量的 0.23%，维生素 C 用量 0.18%，APS 用量 1.4%，反应温度 $40\sim50℃$，合成浓度为 50%，合成时间 2h，合成的聚羧酸高效塑化剂初始水泥净浆流动度 218mm，0.5h 保持为 262mm，1h 增大至 280mm。

4.2.2　缓释型聚羧酸高效塑化剂性能研究

（1）缓释型聚羧酸高效塑化剂的应用性能

采用中联牌普通硅酸盐水泥，标号为 P·O 32.5，测定成品高效塑化剂（未知浓度）掺量为水泥的 2%（6g）时的净浆流动度，再改变浓度为 4.5% 的自制高效塑化剂的使用量，确定净浆流动度与成品相近时的用量，从而评定高效塑化剂水泥适应性优良。实验结果如表 4.3 所示。

表 4.3　聚羧酸高效塑化剂与水泥的适应性

高效塑化剂掺量	初始净浆流动度/mm	1h 净浆流动度/mm
6g(工业化成品高效塑化剂)	200	270
12.5g	170	255
13.5g	180	260
14g	195	270
15g	230	265

从表 4.3 中可以看出，工业化成品高效塑化剂的初始净浆流动度为 200mm，1h 流动度达到 270mm。掺 12.5g（其固含量为水泥掺量的 0.19%）高效塑化剂，此时初始流动度仅为 170mm，1h 流动度为 255mm。适当增加高效塑化剂含量，当使用的高效塑化剂在 15g 时，其初始流动度达到 230mm，1h 流动度为 265mm，说明与工业化成品高效塑化剂作用效果相同的高效塑化剂用量在

12.5~15g 之间。当高效塑化剂用量在 14g（固含量仅占水泥掺量的 0.21%）时，其初始流动度为 195mm，1h 为 270mm，与成品高效塑化剂减水性相近似，因此高效塑化剂的应用性能良好。

（2）聚羧酸高效塑化剂掺量对分散性能影响

改变聚羧酸高效塑化剂的掺量，实验不同掺量对水泥净浆流动度的影响，结果见表 4.4。

表 4.4　高效塑化剂不同掺量对水泥净浆流动度的影响

高效塑化剂用量/g	水泥初始净浆流动度/mm	1h 净浆流动度/mm
10	193	258
11.3	206	265
12.5	215	277
13.7	230	280
15	232	280

由表 4.4 可知，高效塑化剂含量在 10~15g 范围中，水泥净浆流动度呈现增大的趋势，当掺量为 12.5g 时，其增长率最大为 28.8%，当高效塑化剂含量大于 13.7g（固含量占水泥掺量 0.2%），其净浆流动度增加不大。因此 12.5g 时高效塑化剂分散性能最好。

（3）聚羧酸高效塑化剂与水泥适应性研究

由于水泥品种、矿物组成、细度含碱量以及调凝剂的不同，同一种高效塑化剂在相同的掺量下掺入不同的水泥，使用效果却有一定差别。为了达到相同的使用效果，高效塑化剂必须根据不同水泥品种采取不同的掺量，这就是高效塑化剂对水泥的适应性的问题。采用中联普通硅酸盐水泥，标号为 P·O 32.5，山水 P·S·B 32.5 水泥，通过固定高效塑化剂用量为 12.5g，测试不同品牌水泥净浆流动度大小，从而评定高效塑化剂水泥适应性优良，结果见表 4.5。

表 4.5　聚羧酸高效塑化剂与水泥的适应性

水泥品牌	初始净浆流动度/mm	0.5h 净浆流动度/mm	1h 净浆流动度/mm
山水 P·S·B 32.5	208	252	275
中联 P·O 32.5	180	248	265

由表 4.5 可知，在相同高效塑化剂掺量的情况下，通过测试不同水泥净浆流动度，可以得出与不同水泥组合的流动度变化不大，合成的聚羧酸高效塑化剂与水泥适应性良好。

（4）缓释型聚羧酸高效塑化剂改性研究

按照控制单一因素法确定的最佳条件，在实验中合成的聚羧酸高效塑化剂有着良好的减水性能，同时 1h 净浆流动度增大至 280mm 左右，其保坍性好。但流动度大时，水泥净浆会出现泌水现象，影响聚羧酸高效塑化剂的使用。大量自由水泌出溢到混凝土表面，底部出现扒底现象，严重影响混凝土的质量。为解决这个问题，采用在高效塑化剂中加入黄原胶（P）的技术措施。黄原胶分子由 D-葡萄糖、D-甘露糖、D-葡萄糖醛酸、乙酰基和丙酮酸构成，具有增稠性能，有低浓度高黏度特性，黄原胶在水中能快速溶解，有很好的水溶性，其 1% 的水溶液黏度相当于明胶的 100 倍。因此在配制的高效塑化剂中加入黄原胶能够改善混凝土的工作性，有效解决混凝土泌水的技术难题。分别在高效塑化剂母液中加入 10g 黄原胶，实验结果见表 4.6。

表 4.6　黄原胶掺量对水泥净浆流动度的影响

配制不同的高效塑化剂	初始净浆流动度/mm	0.5h 净浆流动度/mm	1h 净浆流动度/mm	泌水情况
①成品高效塑化剂	245	255	280	大
②25g 母液＋75g 水	225	260	275	中等
③25g 母液＋10gP＋65g 水	205	225	260	无
④40g 母液＋10gP＋50g 水	238	263	282	较小

由表 4.6 可知，成品高效塑化剂的净浆流动度较大，初始流动度高达 245mm，1h 净浆流动度达 280mm，此时水泥净浆泌水严重，表面分布着一层水，净浆下部变硬难以搅动。当使用②配制的高效塑化剂时，初始流动度相比变小，但 0.5h 和 1h 的流动度相差不大，其 1h 后泌水情况和高效塑化剂成品相比变小一些，但还是出现一定的泌水。使用③配制的高效塑化剂时，由于在高效塑化剂中掺加了黄原胶，其水泥净浆黏稠性变大。与②相比，初始、0.5h 流动度减小较多，分别为 205mm、225mm。1h 净浆流动度为 260mm，与②相差不大，而且此时水泥净浆没有出现泌水现象。通过③与①②的 1h 水泥净浆流动度的对比情况可以得出结论：加入黄原胶后流动度会有一定的减小，但加入黄原胶后可以有效地解决水泥净浆泌水的问题。为了达到与①相近的净浆流动度且尽量减小泌水，按照④配制高效塑化剂，其初始流动度可达到 238mm，1h 流动度达到 282mm，高效塑化剂对水泥有着优良的分散性能，同时其泌水现象不明显。

4.3 缓释型聚羧酸高效塑化剂缓释机理

聚羧酸高效塑化剂缓释原理主要是，C_3A 水化生成水化铝酸三钙，其是一种层状双氢氧化合物，易进行阴离子插层交换。聚羧酸高效塑化剂是一种典型的阴离子化合物，因此，聚羧酸高效塑化剂在水泥水化初期，易插层嵌入 C_3A 内部。随着水泥不断水化，硫酸根离子含量增加。插层于 C_3A 内部的聚羧酸高效塑化剂离子强度小于硫酸根离子强度，容易被插层交换出来，水泥浆体中的聚羧酸高效塑化剂含量增大，分散性增强。由于 C_3A 极不稳定，在实验室内难以制备。水滑石是一种典型的阴离子型层状双氢氧化合物，以水滑石代替 C_3A，对聚羧酸高效塑化剂在水滑石内的嵌入状况进行红外光谱分析，结果见图 4.8 和图 4.9。

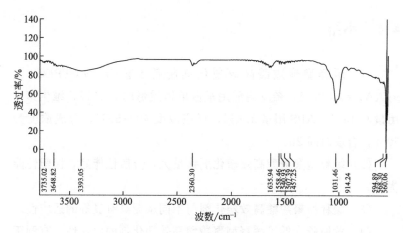

图 4.8　水滑石红外光谱

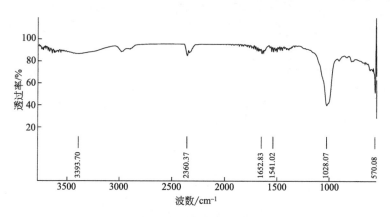

图 4.9　水滑石吸附聚羧酸高效塑化剂后红外光谱

图 4.9 为高效塑化剂插层嵌入水滑石的红外光谱，与图 4.8 标准样（水滑石）的样品对比，在 $2879 \sim 2910 cm^{-1}$ 处出现了明显吸收谱带为高效塑化剂的—CH_2—反对称伸缩振动峰和—CH_3 对称伸缩振动峰 $2875 cm^{-1}$，说明水滑石内部嵌入了聚羧酸高效塑化剂。

4.4 小结

(1) 缓释型聚羧酸高效塑化剂制备工艺为：n（TPEG）：n（AA）=1：2.75，巯基丙酸用量占单体质量的 0.23%，维生素 C 用量 0.18%，APS 用量 1.4%，反应温度 40～50℃，合成浓度为 50%，合成时间 2h。

(2) 缓释型聚羧酸高效塑化剂掺量大，分散性能好，保塑性能优良。

(3) 缓释型聚羧酸高效塑化剂与不同水泥具有良好的适应性。

(4) 黄原胶降低了缓释型聚羧酸高效塑化剂的泌水性，有利于改善混凝土的工作性。

第五章

适应型聚羧酸
高效塑化剂合成与性能

聚羧酸高效塑化剂在工程应用中存在与水泥适应性差、对高含泥量的砂石不适应的问题，解决此问题最常用的方法是增加高效塑化剂的掺量，也可以添加聚乙二醇或大单体缓解，但效果不理想。对这述问题，通过设计分子结构、改进合成工艺，提升了聚羧酸高效塑化剂与胶凝材料和砂石料的适应性。

5.1 适应型聚羧酸高效塑化剂合成

5.1.1 实验仪器与药品

实验仪器与药品如表 5.1 所示。

表 5.1 实验仪器与药品

名称	代号	规格
丙烯酸	AA	化学纯
过硫酸铵	APS	分析纯
氢氧化钠		分析纯
巯基丙酸		分析纯
蒸馏水		
甲基烯丙基聚氧乙烯醚	TPEG	工业级
矿渣硅酸盐水泥	P·S·A 32.5	
复合硅酸盐水泥	P·C 32.5	

5.1.2 实验方法

5.1.2.1 适应型聚羧酸高效塑化剂合成实验

适应型聚羧酸高效塑化剂合成中 TPEG、丙烯酸、过硫酸铵（引发剂），维生素 C（抗氧化剂）按不同的合成比例可以调节聚羧酸高效塑化剂主链结构，从而通过调节比例关系制备不同性能高效塑化剂。具体实验方法如下：

（1）将 100g TPEG（含有双键）放入圆底烧瓶中。

（2）向圆底烧瓶中加入 70g 水。

（3）将圆底烧瓶放在电热套上加热，升温到 50～60℃，并加入 1.1g 过硫酸铵。

（4）滴加丙烯酸 10g、水 30g，再滴加巯基丙酸 0.5g、水 34g。两者同时滴加 3h。

（5）在加热过程中控制温度在 50～60℃。

（6）滴加完成后保温 1h，温度控制在 50～60℃。

（7）加 1g NaOH 中和到 pH＝6～7。

5.1.2.2 水泥净浆流动度实验

（1）调试好水泥净浆搅拌机设备。

（2）称取水泥 300g±1g。

（3）做试验前先将接触水泥的所有设备用湿毛巾擦拭一遍。

（4）将外加剂和水一块加入至搅拌机内，再将称好的水泥倒入锅内，放置于搅拌机上进行搅拌。

（5）搅拌时，将搅拌机程序开关调至"慢"状态，开启"手动"操作开关进行搅拌，4min 后取下搅拌锅。

（6）将圆模放置于玻璃板中心，再将锅内的净浆倒入圆模内，与圆模上边缘平行，不得溢出，将多余的净浆用小刀刮去。

（7）垂直提起圆模，使圆模中的净浆自然流动。待 30s 后，进行十字法测量，算出平均值。

（8）清理玻璃板及圆模。将搅拌锅内的净浆放置 0.5h 后，再次重复，1h 后再次重复（5）～（7）步骤。最后测出净浆流动度的初次值、0.5h 后值、1h 后值。

（9）试验完毕后，清理各设备仪器。

5.1.2.3 混凝土工作性实验

拌制 15L 混凝土，拌和均匀后，目测混凝土和易性，测量混凝土坍落度和保坍性。

5.2 适应型聚羧酸高效塑化剂合成优化设计与性能研究

5.2.1 聚羧酸高效塑化剂合成优化

依据正交实验的要求，设计 $L_9(3^4)$ 实验，见表 5.2 和表 5.3。

表 5.2 合成原料配比的因素与位级

水平	因素			
	丙烯酸/g	过硫酸铵	滴加维生素 C 时间/h	巯基丙酸
1	8	(TPEG＋丙烯酸)×0.8%	1	(TPEG＋丙烯酸)×0.4%
2	10	(TPEG＋丙烯酸)×1.0%	2	(TPEG＋丙烯酸)×0.5%
3	12	(TPEG＋丙烯酸)×1.2%	3	(TPEG＋丙烯酸)×0.6%

表 5.3 合成原料配比 $L_9(3^4)$ 正交试验表

试验序号	丙烯酸/g	过硫酸铵/g	滴加维生素 C 时间	巯基丙酸/g
1	8	0.86	1h	0.43
2	8	1.10	2h	0.54
3	8	1.30	3h	0.65
4	10	0.88	2h	0.66
5	10	1.10	3h	0.44
6	10	1.30	1h	0.55
7	12	0.90	3h	0.56
8	12	1.12	1h	0.67
9	12	1.35	2h	0.45

注意：TPEG 为 100g，合成浓度换算成 45%，温度在 55℃左右。

根据表 5.3，测试聚羧酸高效塑化剂的水泥净浆流动度，结果见表 5.4 和图 5.1。

表 5.4　聚羧酸高效塑化剂水泥净浆流动度

试验序号	初始值/mm	0.5h 水泥净浆流动度/mm	1h 水泥净浆流动度/mm	1.5h 水泥净浆流动度/mm	2h 水泥净浆流动度/mm
1	200.0	197.5	197.0	190.0	185.0
2	257.5	252.5	250.0	245.0	240.0
3	180.0	130.0	135.0	120.0	95.0
4	222.5	220.0	207.5	195.0	170.0
5	205.0	230.0	227.5	225.0	215.0
6	260.0	270.0	265.0	258.0	245.0
7	192.5	232.5	215.0	210.0	190.0
8	235.0	207.5	195.0	182.0	175.0
9	190.0	208.0	190.0	185.0	170.0

由表 5.4 和图 5.1 可知，影响初始水泥净浆流动度的因素可由极差分析得到。丙烯酸影响（K_A）：$K_{A1}=640$，$K_{A2}=690$，$K_{A3}=615$，$R_A=K_{A2}-K_{A3}=75$。过硫酸铵影响（K_B）：$K_{B1}=610$，$K_{B2}=715$，$K_{B3}=630$，$R_B=K_{B2}-K_{B1}=105$。滴加维生素 C 时间影响（K_C）：$K_{C1}=695$，$K_{C2}=670$，$K_{C3}=575$，$R_C=K_{C1}-K_{C3}=120$。巯基丙酸掺量影响（K_D）：$K_{D1}=595$，$K_{D2}=710$，$K_{D3}=635$，$R_D=K_{D2}-K_{D1}=115$。极差大，表明该因子对指标的影响力大，通常为主要因子；极差小的表明该因子对指标的影响力小，通常为次要因子。影响初始水泥净浆流动度的因子主次顺序为 C＞D＞B＞A。

2h 时水泥净浆流动度影响因素可由极差分析得到。丙烯酸影响（K_A）：$K_{A1}=520$，$K_{A2}=630$，$K_{A3}=515$，$R_A=K_{A2}-K_{A3}=115$；过硫酸铵影响（K_B）：$K_{B1}=545$，$K_{B2}=630$，$K_{B3}=510$，$R_B=K_{B2}-K_{B3}=120$；滴加维生素 C 时间影响（K_C）：

$K_{C1}=605$，$K_{C2}=580$，$K_{C3}=500$，$R_C=K_{C1}-K_{C3}=105$；巯基
丙酸掺量影响（K_D）：$K_{D1}=570$，$K_{D2}=675$，$K_{D3}=440$，$R_D=$
$K_{D2}-K_{D3}=235$。由此可知 2h 初始水泥净浆流动度的影响因子主
次顺序为 D＞B＞A＞C。

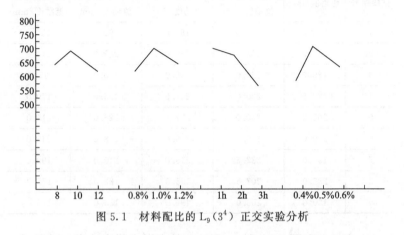

图 5.1　材料配比的 $L_9(3^4)$ 正交实验分析

　　由图 5.1 可看出，对于丙烯酸的掺量影响因子，水平 2——
10g 丙烯酸最好；对于过硫酸铵掺量影响因子，水平 2——1.0％掺
量的过硫酸铵最好；对于滴加维生素 C 时间影响因子，水平 1——
滴加 1h 最好；对于巯基丙酸掺量影响因子，水平 2——掺加 0.5％
巯基丙酸最好。滴加维生素 C 时间的大小对前期的水泥水化作用
明显，对保持后期的净浆流动度起作用很小。在整个过程中巯基丙
酸的掺量是影响非常大的，特别到后期对保持净浆流动度的保持起
很大作用。引发剂存在一个最大值 1.0％，也就是引发剂适当的加
入量对反应特别重要，这是因为引发剂的多少决定共聚物的分子量
的大小。引发剂多，共聚物分子量小；引发剂少，共聚物分子量
大。而共聚物的分散保塑性与分子量密切相关，只有共聚物的分子
量适当，才对水泥有良好的分散保塑性，所以，应取 1.0％。丙烯
酸存在一个最大值 K_{A2}，过多过少对产物的性能均不利，这是因

为丙烯酸易自聚，当加量大时，共聚物结构中丙烯酸单体易聚集在一起，影响共聚物分子结构中官能团的分布；加入量少时，不能形成一定量的自由基，影响链的增长。因此可知最优材料配比为 A_2、B_2、C_1、D_2。

5.2.2 合成工艺的正交试验

依据正交实验的要求，设计 $L_9(3^4)$ 实验，见表5.5和表5.6。

表 5.5 合成工艺的影响因素表

水平	因素			
	反应温度/℃	维生素C掺量/g	滴加引发剂量	搅拌速度/(r/min)
1	40~50	0.15	(TPEG+丙烯酸)×0.8%	30~40
2	50~60	0.18	(TPEG+丙烯酸)×1.0%	60~70
3	60~70	0.2	(TPEG+丙烯酸)×1.2%	70~80

表 5.6 合成工艺 $L_9(3^4)$ 正交试验表

试验序号	反应温度/℃	维生素C掺量/g	滴加引发剂量/g	搅拌速度/(r/min)
1	40~50	0.15	0.86	30~40
2	40~50	0.18	1.1	60~70
3	40~50	0.2	1.3	70~80
4	50~60	0.15	1.1	70~80
5	50~60	0.18	1.3	30~40
6	50~60	0.2	0.88	60~70
7	60~70	0.15	1.35	60~70
8	60~70	0.18	0.9	70~80
9	60~70	0.2	1.12	30~40

注意：TPEG为100g，合成浓度换算成45%，滴加时间1h。

根据表5.6，测试聚羧酸高效塑化剂的水泥净浆流动度，结果见表5.7和图5.2。

表 5.7　合成工艺正交试验水泥净浆流动度

试验序号	初始值/mm	0.5h 水泥净浆流动度/mm	1h 水泥净浆流动度/mm	1.5h 水泥净浆流动度/mm	2h 水泥净浆流动度/mm
1	200.0	185.0	165.0	127.5	110.0
2	190.0	180.0	165.0	140.0	115.0
3	185.0	170.0	150.0	130.0	105.0
4	235.0	220.0	215.0	190.0	175.0
5	220.0	205.0	190.0	175.0	160.0
6	210.0	190.0	175.0	165.0	140.0
7	215.0	195.0	170.0	150.0	125.0
8	180.0	175.0	165.0	140.0	80.0
9	200.0	190.0	185.0	170.0	160.0

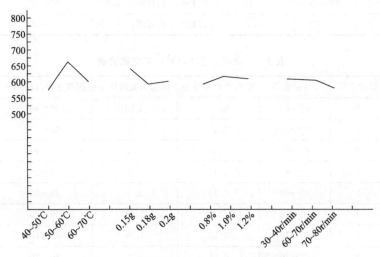

图 5.2　合成工艺的 $L_9(3^4)$ 正交实验分析

由表 5.7 和图 5.2 可知，影响初始水泥净浆流动度的因素由极差分析可得。反应温度的影响（W_A）：$W_{A1}=575$，$W_{A2}=665$，$W_{A3}=595$，$R_A=W_{A2}-W_{A1}=90$。维生素 C 掺量的影响（W_B）：

$W_{B1}=650$，$W_{B2}=590$，$W_{B3}=595$，$R_B=W_{B1}-W_{B2}=60$。滴加引发剂的掺量的影响（W_C）：$W_{C1}=590$，$W_{C2}=625$，$W_{C3}=620$，$R_C=W_{C2}-W_{C1}=35$。搅拌速度的影响（W_D）：$W_{D1}=620$，$W_{D2}=615$，$W_{D3}=600$，$R_D=W_{D1}-W_{D3}=20$。极差大，表明该因子对指标的影响力大，通常为主要因子；极差小的表明该因子对指标的影响力小，通常为次要因子。影响初始水泥净浆流动度的因子主次顺序为 A＞B＞C＞D。

2h 时水泥净浆流动度影响因素由极差分析可得。反应温度的影响（W_A）：$W_{A1}=330$，$W_{A2}=475$，$W_{A3}=365$，$R_A=W_{A2}-W_{A1}=145$。维生素 C 掺量的影响（W_B）：$W_{B1}=410$，$W_{B2}=355$，$W_{B3}=405$，$R_B=W_{B1}-W_{B2}=55$。滴加引发剂的掺量的影响（W_C）：$W_{C1}=330$，$W_{C2}=450$，$W_{C3}=390$，$R_C=W_{C2}-W_{C1}=120$。搅拌速度的影响（W_D）：$W_{D1}=430$，$W_{D2}=380$，$W_{D3}=360$，$R_D=W_{D1}-W_{D3}=70$。由此可知，2h 水泥净浆流动度影响因子的主次顺序为 A＞C＞D＞B。

由图 5.2 可看出，对于反应温度的影响因子，水平 2——50～60℃最好；对于维生素 C 掺量的影响因子，水平 1——0.15g 掺量的维生素 C 最好；对于滴加引发剂的掺量的影响因子，水平 2——滴加引发剂的掺量为（TPEG＋丙烯酸）×1.0％最好；对于搅拌速度的影响因子，水平 1——搅拌速度为 30～40r/min 最好。初始，对净浆流动度影响从大到小排列顺序为温度＞维生素 C 掺量＞引发剂滴加掺量＞搅拌速度；2h 后，对净浆流动度影响从大到小排列顺序为温度＞引发剂滴加掺量＞搅拌速度＞维生素 C 掺量。反应温度是影响该反应的重要因素之一，随着温度的升高，产物的净浆流动度增大，由水泥净浆流动度实验可知温度的升高是有范围的，当温度在 50～60℃之间是最佳的。维生素 C 在合成反应过程中是一种抗氧化剂，维生素 C 的存在使过硫酸铵不被氧化，保证反应的正常进行，维生素 C 掺量的极差很大，说明维生素 C 在合成过程中是较大的影响因子，维生素 C 掺量增多时分散保塑性反而有所降低。因此维生素 C 的掺量适宜为 0.15g。滴加引发剂掺量对水泥净浆后期的分散保塑性影响较大，这可能是引发剂采用滴加方式，合成初期丙烯酸自身发生聚合使分子量偏小，引发剂在滴加是为保证反应过程聚合物分子的均匀，经试验验证选择（TPEG＋丙烯酸）×1.0%掺量。搅拌速度极差较小，影响不大，由水泥净浆实验验得，应选择 30～40r/min。综上所述，最优合成工艺为 A_2、B_1、C_2、D_1。

5.2.3　合成因素对聚羧酸高效塑化剂性能影响

（1）维生素 C 掺量对聚羧酸高效塑化剂分散保塑性能影响

不同维生素 C 掺量对聚羧酸高效塑化剂分散保塑性能见图 5.3。

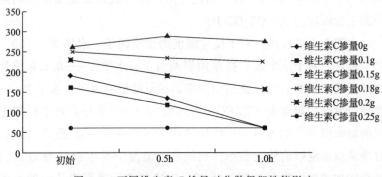

图 5.3　不同维生素 C 掺量对分散保塑性能影响

图 5.3 表明，不同的维生素 C 掺量对水泥净浆的分散保塑性能的影响是有差别的。维生素 C 掺量为 0g 的情况下，水泥净浆流动度的经时损失非常大，1.0h 以后水泥净浆流动度约为 60mm。维生素 C 掺量为 0.1g 的情况下，水泥净浆流动度的经时损失 0.5h 较未掺加维生素 C 的损失小，但 1.0h 以后水泥净浆流动度为

60mm。维生素 C 掺量为 0.15g 的情况下，水泥净浆流动度的经时损失很小，0.5h 的水泥净浆流动度有所提高，1.0h 以后水泥净浆流动度为 275mm，高于初始水泥净浆流动度，低于 0.5h 水泥净浆流动度。维生素 C 掺量为 0.18g 的情况下，水泥净浆流动度的经时损失不大，0.5h 和 1.0h 的水泥净浆流动度经时损失不大，但不如维生素 C 掺量为 0.15g 的效果好。维生素 C 掺量为 0.2g 的情况下，水泥净浆流动度的经时损失较大，达不到分散保塑性能的要求。维生素 C 掺量为 0.25g 的情况下，水泥净浆流动度初始值为 60mm，这与空白试验对比发现反而起到负向作用。综上所述，维生素 C 掺量为 0.15g 时对聚羧酸高效塑化剂分散保塑性能最佳。

（2）丙烯酸掺量对聚羧酸高效塑化剂分散保塑性能影响

不同丙烯酸掺量对聚羧酸高效塑化剂分散保塑性能见图 5.4。

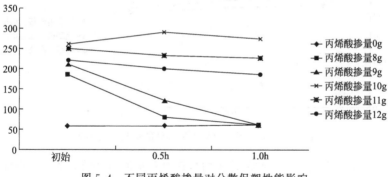

图 5.4　不同丙烯酸掺量对分散保塑性能影响

从图 5.4 中可看出，不同丙烯酸掺量对水泥净浆的分散保塑性能影响是有差别的。丙烯酸掺量为 0g 的情况下，水泥净浆流动度为 60mm，这是因为丙烯酸跟 TPEG 聚合产生的共聚物是聚羧酸高效塑化剂的主要成分。丙烯酸掺量为 8g 的情况下，水泥净浆流动度的经时损失较大，1.0h 以后水泥净浆流动度约为 60mm。丙烯酸掺量为 9g 的情况下，水泥净浆流动度的经时损失较大，但较丙烯酸掺量为 8g 的情况分散保塑性能好，1.0h 以后水泥净浆流动度为 60mm。丙烯酸掺量为 10g 的情况下，水泥净浆流动度的经时损失很小，0.5h 的水泥净浆流动度有所提高，1.0h 以后水泥净浆流动度为 275mm，高于初始水泥净浆流动度但低于 0.5h 水泥净浆流动度。丙烯酸掺量为 11g 的情况下，水泥净浆流动度的经时损失较小，但较丙烯酸掺量为 10g 时的分散保塑性能差。丙烯酸掺量为 12g 的情况下，水泥净浆流动度经时损失较小，但比丙烯酸掺量为 11g 时分散保塑性能好。综上所述，丙烯酸掺量为 10g 时对聚羧酸高效塑化剂分散保塑性能最佳。

（3）不同巯基丙酸掺量对分散保塑性能的影响

不同巯基丙酸掺量对聚羧酸高效塑化剂分散保塑性能见图 5.5。

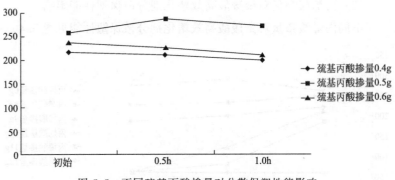

图 5.5　不同巯基丙酸掺量对分散保塑性能影响

图 5.5 表明，不同的巯基丙酸掺量对水泥净浆的分散保塑性能影响差别较大，这是因为巯基丙酸作为一种链终止剂对控制共聚物分子量的大小起重要作用。巯基丙酸掺量为 0.4g 的情况下，水泥净浆流动度经时损失小。巯基丙酸掺量为 0.5g 的情况下，水泥净浆流动度的经时损失很小，0.5h 的水泥净浆流动度有所提高，1.0h 以后水泥净浆流动度为 275mm，高于初始水泥净浆流动度但低于 0.5h 水泥净浆流动度。巯基丙酸掺量为 0.6g 的情况下，水泥净浆流动度分散保塑性能较巯基丙酸掺量为 0.4g 的情况下好。综上所述，巯基丙酸掺量为 0.5g 时对分散保塑性能最佳。

（4）不同温度对分散保塑性能影响

不同温度对分散保塑性能影响见图 5.6。

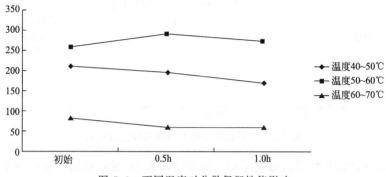

图 5.6　不同温度对分散保塑性能影响

从图 5.6 可看出，不同温度下合成的聚羧酸高效塑化剂对分散保塑性能影响不同，这是由于温度是 TPEG 与丙烯酸之间反应的前提条件。丙烯酸在室温条件下就可发生反应，而 TPEG 在室温下活性很低，低温下 TPEG 几乎不反应，随温度越高 TPEG 的活性越强，丙烯酸活性也得到提高，两者之间更容易发生反应。温度控制在 40～50℃（一般为 45℃左右）之间时，水泥净浆流动度经时损失较小。温度控制在 50～60℃（一般为 55℃左右）之间时，水泥净浆流动度的经时损失很小，0.5h 的水泥净浆流动度有所提高，1.0h 以后水泥净浆流动度为 275mm，高于初始水泥净浆流动度但低于 0.5h 水泥净浆流动度，比较理想。温度控制在 60～70℃（一般为 65℃左右）之间时，水泥净浆流动度分散保塑性能较差，这是由于温度过高丙烯酸活性很强，自身发生了聚合反应生成分子量较小的聚合物，不利于水泥净浆的分散保塑性能的提高。综上所述，温度控制在 50～60℃之间时分散保塑性能最佳。

（5）不同滴加时间对分散保塑性能影响

不同滴加时间对分散保塑性能影响见图 5.7。

从图 5.7 可看出，不同滴加时条件下合成的聚羧酸高效塑化剂

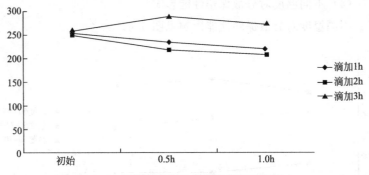

图 5.7　不同温度条件对分散保塑性能影响

对分散保塑性能的影响不同。滴加时间为 1h 时，水泥净浆流动度的经时损失小。滴加时间为 2h 时，水泥净浆流动度的经时损失较小，但不如滴加 1h 好。滴加时间为 3h 时，水泥净浆流动度的经时损失很小，0.5h 的水泥净浆流动度有所提高，1.0h 以后水泥净浆流动度为 275mm，高于初始水泥净浆流动度但低于 0.5h 水泥净浆流动度，效果比较理想。在不同的滴加时间条件下合成的聚羧酸高效塑化剂，对分散保塑性能的影响基本相差不大，滴加 3h 最优，这可能是滴加时间的延长共聚物的分子结构更均匀，分子量大小差别不大所致。综上所述，滴加时间应为 3h。

（6）不同合成浓度对分散保塑性能影响

不同合成浓度对分散保塑性能影响图 5.8。

从图 5.8 可看出，不同浓度合成的聚羧酸高效塑化剂对分散保塑性能影响不同。合成浓度为 40% 时，水泥净浆流动度的经时损失很大，相对于合成浓度为 50% 条件 1h 水泥净浆流动度经时损失小。合成浓度为 50% 时，水泥净浆流动度的经时损失很大，相对于合成浓度为 40% 条件 0.5h 水泥净浆流动度经时损失小。合成浓度为 45% 时，水泥净浆流动度的经时损失很小，0.5h 的水泥净浆流动度有所提高，1.0h 以后水泥净浆流动度为 275mm，高于初始水泥净浆流动度但低于 0.5h 水泥净浆流动度，效果比较理想。综

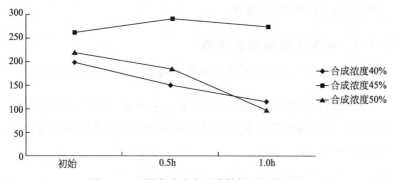

图 5.8 不同合成浓度对分散保塑性能影响

上所述，合成浓度为 45％时分散保塑性能最佳。

（7）引发剂添加方式对分散保塑性能影响

引发剂添加方式对分散保塑性能影响见图 5.9。

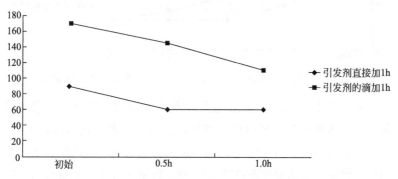

图 5.9 引发剂的直接添加与滴加对分散保塑性能的影响

从图 5.9 可看出，引发剂直接加入，水泥净浆流动度的经时损失很快，到 0.5h 便为 60mm，分散保塑性能很差。引发剂滴加，水泥净浆流动度的经时损失较大，但相比于引发剂直接加分散保塑性能好。这是因为引发剂的多少决定共聚物分子量的大小。引发剂多，共聚物分子量小；引发剂少，共聚物分子量大。反应初期，由于滴加引发剂的量少，生成的自由基少，聚合物分子量大。而共聚物的分散保塑性与分子量密切相关，只有共聚物的分子量适当，才对水泥有良好的分散保塑性。

5.2.4　水泥净浆流动度实验

5.2.4.1　水泥净浆分散保塑性能随高效塑化剂掺量的经时变化

相同高效塑化剂不同掺量的水泥净浆分散保塑性能经时变化见图 5.10，不同高效塑化剂相同掺量的水泥净浆分散保塑性能经时变化见图 5.11。

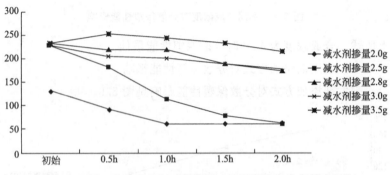

图 5.10　同一高效塑化剂不同掺量时水泥净浆流动度经时变化

从图 5.10 可看出，高效塑化剂掺量 2.0g 时，净浆流动度初始值较小，净浆流动度经时损失很快，这说明高效塑化剂掺量不足。高效塑化剂掺量 2.5g 时，净浆流动度初始值很大，但净浆流动度经时损失很快。高效塑化剂掺量 2.8g 时，净浆流动度初始值很大，净浆流动度经时损失小。高效塑化剂掺量 3.0g 时，净浆流动度初始值很大，净浆流动度经时损失小。高效塑化剂掺量 3.5g 时，净浆流动度初始值很大，净浆流动度经时损失小，2h 净浆流动度为 215mm，这说明高效塑化剂掺量过大。由同种高效塑化剂不同掺量的经时变化图，可确定该种聚羧酸高效塑化剂的掺量为 2.8g 时最佳。

由图 5.11 可知，三种高效塑化剂在相同的掺量下正交 2～4 号高效塑化剂的减水效率最高，其次是卓星聚醚高效塑化剂，最后是

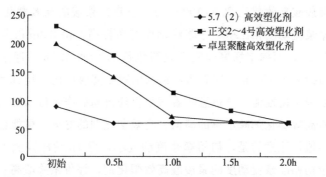

图 5.11　不同高效塑化剂相同掺量的水泥净浆流动度经时变化

5.7（2）高效塑化剂。5.7（2）高效塑化剂，水泥净浆流动度初始值小，0.5h 以后水泥净浆流动度为 60mm。卓星聚醚高效塑化剂，水泥净浆流动度初始值较高，但净浆流动度的经时损失大，水泥净浆分散保塑性能差。正交 2～4 号高效塑化剂，水泥净浆流动度初始值最高，水泥净浆分散保塑性能要比卓星聚醚高效塑化剂的好。由此说明合成的正交 2～4 号高效塑化剂对该水泥的适应性要优于其他两种水泥。

5.2.4.2　聚羧酸高效塑化剂与水泥适应性

聚羧酸高效塑化剂对水泥混凝土坍落度影响见表 5.8。

表 5.8　聚羧酸高效塑化剂对水泥净浆流动度和混凝土坍落度经时损失

高效塑化剂种类	水泥净浆流动度/mm		混凝土坍落度/mm	
	初始	1h	初始	1h
自制聚羧酸高效塑化剂	200	225	220	220
市场聚羧酸高效塑化剂 A	190	175	210	160

由表 5.8 可见，掺自制聚羧酸高效塑化剂的混凝土初始坍落度和 1h 坍落度保持性能均优于掺市场聚羧酸高效塑化剂 A 的混凝土。掺自制聚羧酸高效塑化剂的初始净浆流动度（200mm）高于

市场聚羧酸高效塑化剂 A(190mm)，掺自制聚羧酸高效塑化剂 1h 后的净浆流动度相比初始净浆流动度有所提高，由 200mm 提高到了 225mm，而掺市场聚羧酸高效塑化剂 A 的水泥 1h 后净浆流动度反而损失了 15mm。这表明，自制聚羧酸高效塑化剂具有良好的流动度来保持性能。这也意味着假如仅通过初始净浆流动度来衡量聚羧酸高效塑化剂减水率的高低、高效塑化剂的好坏，可能会出现误判。值得注意的是，初始净浆流动度小，但 1h 后净浆流动度可能大于初始净浆流动度的聚羧酸高效塑化剂，评价聚羧酸高效塑化剂时可结合 1h 后的净浆流动度来综合评价聚羧酸高效塑化剂的性能优劣。掺自制聚羧酸高效塑化剂对混凝土坍落度的经时损失要小于掺市场聚羧酸高效塑化剂 A 的坍落度的经时损失，这是由聚羧酸高效塑化剂与水泥的相容性问题所致。相容性不好，会造成坍落度损失过快，这样不但会影响混凝土的施工速度、施工质量，甚至会出现因工作性的下降而无法施工，而且还会影响硬化混凝土的质量。对比两种高效塑化剂，自制聚羧酸高效塑化剂优于市场聚羧酸高效塑化剂 A。

5.3　小结

（1）适应型聚羧酸高效塑化剂的最佳工艺条件为：反应温度为 50～60℃，合成浓度为 45%，滴加丙烯酸和引发剂，滴加 1.0h，保温 1.0h。

（2）适应型聚羧酸高效塑化剂的最佳材料配比：巯基丙酸 0.5g，维生素 C 0.15g，TPEG：丙烯酸＝100：10，引发剂用量为 1.0%。

（3）适应型聚羧酸高效塑化剂与不同水泥的适应性良好，2h 水泥净浆流动度和混凝土坍落度经时损失小。

参考文献

[1]　王可良, 宋芳芳, 刘玲. 聚羧酸减水剂对混凝土结构影响 [J]. 材料导报, 2014, 28 (18).

[2]　刘玲, 王可良, 胡廷正. 聚羧酸减水剂官能团和分子结构对混凝土抗裂性能的影响 [J]. 混凝土与水泥制品, 2010 (06).

[3]　王可良, 刘玲. 聚羧酸减水剂官能团及分子结构影响水泥初期水化浆体温升的研究 [J]. 硅酸盐通报, 2008 (02).

[4]　王可良, 马德富, 张广贞, 等. 聚羧酸减水剂对混凝土抗劈裂性能的影响及其机理探讨 [J]. 新型建筑材料, 2007 (01).

[5]　王可良, 马德富, 李凤强, 等. 聚羧酸减水剂合成因素对混凝土拉压比及初裂时间的影响 [J]. 硅酸盐通报, 2006 (05).

[6]　王可良, 马德富, 迟志学, 等. 氨基苯磺酸高效减水剂合成机理的研究 [J]. 中国建材科技, 2006 (02).

[7]　王可良, 张立国, 张广贞, 等. 混凝土高效塑化剂的塑化作用机理综述 [J]. 中国建材科技, 2006 (01).

[8]　王可良, 马德富, 姚坤, 等. 聚羧酸减水剂的研制及其在溪洛渡水电工程中的应用 [J]. 山东建材, 2006 (01).

[9]　王可良, 马德富, 贾吉堂. 聚羧酸减水剂 (NOF-AS) 的研制 [J]. 混凝土, 2005 (12).

[10]　王可良, 丁玉龙, 王志成, 等. 芳烃系减水剂的研究 [J]. 济南大学学报 (自然科学版), 2004 (03).

[11]　王可良. 混凝土高效塑化剂的合成与性能研究 [D]. 济南: 济南大学, 2004.